电子技术实验教程

（第2版）

主　编　彭志红　粟　娟

副主编　金艳艳　李小平　杨　梅

参　编　肖　东　范玲俐　刘娟秀

　　　　梁　飞　李鹏程　曹冬梅

主　审　李可为

重庆大学出版社

内容提要

全书分为 5 部分。绪论部分重点讲述了实验课的性质与任务、实验的基本过程、实验的操作规程等。第 1 章主要介绍了常用电子仪器的使用。第 2 章为模拟电子技术实验。第 3 章为数字电子技术实验。附录部分收录了常用数字集成电路的相关知识及实验箱基本单元功能介绍等。

本书可作为高校电类专业电路分析实验教材，也可供同类院校机电类、机械类专业学生、工程技术人员和业余爱好者学习参考。

图书在版编目(CIP)数据

电子技术实验教程 / 彭志红，粟娟主编. --2 版
. -- 重庆 ：重庆大学出版社，2022.7
ISBN 978-7-5689-1581-6

Ⅰ. ①电… Ⅱ. ①彭… ②粟… Ⅲ. ①电子技术—实验—高等学校—教材 Ⅳ. ①TN01-33

中国版本图书馆 CIP 数据核字(2022)第 117099 号

电子技术实验教程
(第 2 版)
主　编　彭志红　粟　娟
副主编　金艳艳　李小平　杨　梅
主　审　李可为
责任编辑:范　琪　　版式设计:范　琪
责任校对:邹　忌　　责任印制:张　策
*
重庆大学出版社出版发行
出版人:饶帮华
社址:重庆市沙坪坝区大学城西路 21 号
邮编:401331
电话:(023)88617190　88617185(中小学)
传真:(023)88617186　88617166
网址:http://www.cqup.com.cn
邮箱:fxk@cqup.com.cn(营销中心)
全国新华书店经销
重庆市远大印务有限公司印刷
*
开本:787mm×1092mm　1/16　印张:12.25　字数:308千
2019 年 8 月第 1 版　2022 年 7 月第 2 版　2022年 7 月第 3 次印刷
印数:3 986—6 985
ISBN 978-7-5689-1581-6　定价:39.00 元

第2版前言

本书是在《模拟电子技术实验指导书》和《数字电子技术实验指导书》的基础上整合编写的。

本书编写的原则是“保基础、重应用、强动手、促创新”，目的是在保证完成学生基本实验知识、基本实验技能训练的同时，加大对学生综合能力和工程应用能力的培养。本书在内容上考虑到应用型本科的培养目标，加重了综合型和设计型实验的比重，同时缩减了验证性实验的教学时数。本书在第1版的基础上进行了部分改动，具体如下：

(1)在模拟电子技术实验中增加了共集电级放大电路实验和场效应管共源极放大电路实验。

(2)在数字电子技术实验中更改了部分设计性实验题目。

(3)个别错误及测试表格的更改。

本书由彭志红、粟娟任主编，金艳艳、李小平、杨梅任副主编。其中彭志红编写绪论和第2章，并参与编写了第1章；范玲俐参与编写了第1章；肖东参与编写了第2章；李小平、粟娟编写了第3章，李小平、金艳艳、杨梅参与编写了附录。刘娟秀、梁飞、李鹏程、曹冬梅等参与了本书内容的讨论，使用过程中提出不少宝贵意见并参与了部分内容的修改。李可为教授审阅了全稿，为本书提供了很多宝贵的意见，在此深表感谢。

由于我们水平有限，书中难免存在错误和不妥之处，敬请广大读者提出宝贵意见，以促进我们不断对本书进行改进和完善。

编者

2022年5月

第1版前言

本书是在《模拟电子技术实验指导书》和《数字电子技术实验指导书》的基础上整理合编而成的。

本书编写的原则是“保基础、重应用、强动手、促创新”，目的是在保证完成学生基本实验知识、基本实验技能训练的同时，加大对学生综合能力和工程应用能力的培养。在教材内容上考虑到应用型本科的培养目标，加重了综合型和设计型实验的比重，同时缩减了验证性实验的教学时数。例如，在模拟电子技术实验中，将单级共射放大电路由原来的验证性实验改为由学生完成电路制作，并设计完成电路功能测试和电路故障分析等内容的综合型实验；数字电子技术实验取消了与非门参数测试、编码、译码等验证性实验，改为设计性实验。在教学上，坚持“授之以渔”的教学理念，少讲多做。

本书由彭志红、粟娟任主编，刘娟秀、李小平、杨梅任副主编。其中彭志红编写绪论和第2章，并参与编写了第1章；范玲俐参与编写了第1章；李小平、粟娟编写了第3章，李小平、刘娟秀、杨梅参与编写了附录。梁飞、金艳艳、李鹏程、曹冬梅等参与了本书内容的讨论，使用过程中提出不少宝贵意见并参与了部分内容的修改。李可为教授审阅了全稿，为本书提供了很多宝贵的意见，在此深表感谢。

由于我们水平有限，书中难免存在错误和不妥之处，敬请广大读者提出宝贵意见，以促进我们不断对本书进行改进和完善。

编　者

2019年5月

目录

绪 论

0.1 电子技术实验的性质与任务

电子技术实验是电气、电子信息类专业的重要专业技术基础课,是电子技术课程体系中必要的教学环节。实验课程的教学任务是使学生在掌握了模拟电子技术和数字电子技术的基础知识和基本技能基础上,有效提高运用所学理论来分析和解决实际问题的能力。

电子技术实验教学内容包括以下几个方面:

(1)电工、电子基础实验仪器的认识和熟练操作:仪器的认识和使用一直贯穿整个实验课程。

(2)基础实验:主要是以模拟电子技术和数字电子技术的理论为基础,以大纲所要求的重点内容为依据,以进一步巩固所学的基础知识和基本原理为目的所设计的学生实验题目。

(3)综合性实验:多章节的理论知识的综合应用,不局限于单个的验证性实验,主要训练学生的综合分析能力和知识应用能力。

(4)设计性实验:学生根据给定的实验题目、内容和要求,自行设计实验电路,并自行搭建电路,拟订电路的调试和功能测试方案,最后使电路达到设计要求。设计性实验可以培养学生综合运用所学知识解决实际问题的能力和简单功能电路的设计能力。

0.2 电子技术实验的基本过程

为了在所设定的每一个实验上都有所收获,学生要做到以下两点:

1.实验前预习

(1)认真阅读实验教材,明确实验目的、任务,了解实验内容。

(2)复习教材有关理论知识,熟悉实验仪器的使用方法。

(3)按要求写好预习报告。

2.测试前准备

提高实验效率、保证实验质量的重要前提是实验人员必须严格遵守实验操作规则。在完成线路连接,即通电测试之前,要先完成以下两个步骤:

(1)检查所选用的仪器是否符合实验要求,检查各实验仪器是否已按要求接入对应电源,检查各种仪器面板上的旋钮是否处于所需的待用位置,如有量程要求的仪器要设定一个与实验参数相对应的量程。注意在连接电路和设定电压源或电流源实验参数时,实验电路板应断电。

(2)对照实验电路图,检查是否已将实验电路按正确的方式完成连接。特别要认真检查电源、电解电容等有极性要求的器件是否连接正确,器件或集成芯片的引脚连接是否正确。经过认真仔细检查,确认电路无误后,方可接通电源,并进行实验。

0.3 电子技术实验的操作规程

1.实验仪器的合理布局

实验台上有各种用于实验的仪器、仪表和实验板等实验装置。在实验时,各仪器应根据信号流向、连线简捷、调节顺手、观察与读数方便的原则进行合理布局,如图 0.1 所示。

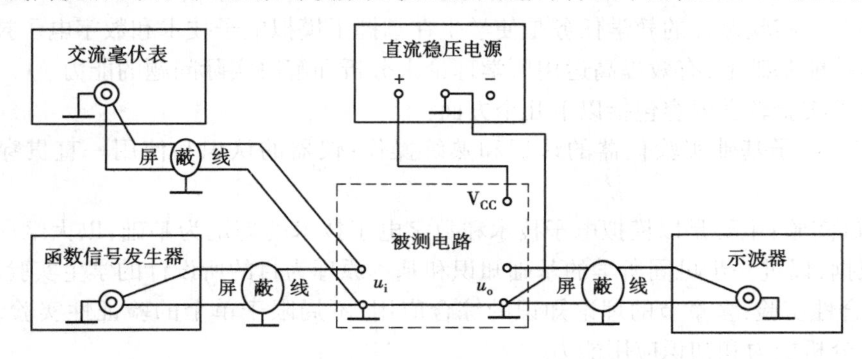

图 0.1 实验装置布局图

2.正确的接线规则

(1)仪器和实验板间的接线尽量用颜色区分,如电源线(正极)用红色,公共地线(负极)用黑色等。接线头要拧紧或夹牢,防止因接触不良或脱落而引起短路或断路。

(2)电路的公共接地端和各种仪表的接地端应连接在一起。它既是电路的参考零点(零电位点),同时还起到避免信号干扰的作用。

(3)信号的传输采用专用的具有金属外套的屏蔽线(探头)。

3.注意人身和仪器设备的安全

1)严格遵照实验安全操作规程,确保人身安全

(1)实验过程中如果要更换仪器,改接线路时必须切断实验电路的电源。

(2)为保证人身安全,仪器设备的外壳应良好接地。在调试时,要养成用右手进行单手操作的习惯,并注意人体与大地之间有良好的绝缘。

2)爱护仪器设备

(1)在使用仪器设备的过程中,不要经常开关电源,以确保实验仪器和设备的安全。

(2)实验结束后,只需要关断仪器电源和实验台的电源,仪器的电源线不用拔掉。

(3)特别注意仪表的允许安全电压或电流,切勿超过!当被测量的量大小无法估计时,仪表量程的设定从最大量程开始逐渐减小量程。为了测量的数据更加准确,被测量最好是满量程的1/3。

0.4 实验报告的编写

(1)每次实验前必须进行实验内容的预习,明确实验目的和要求,掌握实验电路的基本原理,写出包括实验名称、实验目的、实验原理、实验预习中要求提前完成的内容、实验数据记录表格绘制等内容的预习报告。

注意:实验前教师要检查预习情况,没完成预习报告编写的学生不得进行实验。

(2)以科学、认真的态度做好每一个实验。

①真实记录所有实验原始数据,不得擅自修改实验数据,更不能弄虚作假。

②正确分析测量结果和所记录的实验现象。能判断测量结果是否正确,当实验数据和结论与所学理论不一致时,应重做实验,并分析原因。

说明:如果发现数据有问题,要首先检查线路,在确认无错的情况下再分析其他可能的原因。最后在实验室简单整理数据,并经指导教师检查后才能拆除线路,整理实验台。

(3)实验报告应包括以下内容:

①实验目的;

②实验原理;

③实验设备(设备的名称、型号或规格、数量、编号等以备后续复核);

④实验电路;

⑤预习实验内容中要求写入报告的部分;

⑥实验原始数据、波形和现象的记录;

⑦实验数据和实验现象分析、问题讨论和改进实验方法等相关内容的建议。

说明:实测结果与理论计算结果对照,如果相同,则实验数据说明了什么理论;如果不同,分析产生不同结果的原因,并重新进行实验,对实验的方法等提出更好的建议。

第 1 章 常用电子仪器

1.1 示波器

示波器是一种用途广泛的电子测量仪器,通过它可把抽象的、看不见的,而且随着时间变化的电压波形变成具体的、看得见的波形图,通过波形图,我们可以清楚地观察到信号的特征,可以从波形图上计算出被测电压的幅度、周期、频率、脉冲宽度及相位等参数。

目前常用的示波器大致分为两类:一类是使用阴极射线管(CRT)作为显示器的模拟信号示波器,一类是使用液晶显示的数字示波器。如 GDS-1072B 型示波器就是使用液晶显示的数字示波器。

1.前面板

GDS-1072B 型示波器的前面板如图 1.1.1 所示。

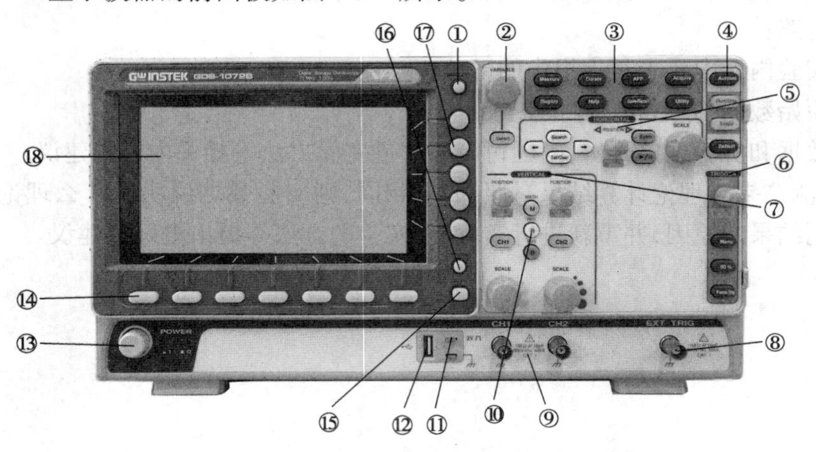

图 1.1.1　GDS-1072B 示波器前面板

GDS-1072B 型示波器前面板各部分的名称和作用如下:

①硬拷贝键(HARDCOPY):具有保存或打印功能,与“③常用功能键”和“②USB 主机端口”配合使用。

②可调旋钮和选择键：常与“③常用功能键”中的各个系统以及“⑭底部菜单键”“⑰侧菜单键”配合使用。

可调旋钮（VARIABLE）：

可调旋钮是示波器中一个非常有用的旋钮。其功能如下：

- 调节波形亮度；
- 光标测量中调节光标位置；
- 示波器各系统中调节菜单的选项；
- 存储系统中调节存储/调出设置、波形、图像的存储位置。

选择键（Select）：

调节可调旋钮选择参数类型后，按下选择键进行选择确认。

③常用功能键。常用功能键用于输入和配置不同功能。该部分在下文“4.常用功能”中详细介绍。

④、⑤、⑥、⑦、⑩为控制系统，该部分在下文“3.控制系统”中详细介绍。

⑧外部触发输入（EXT TRIG）：外部触发源的输入连接器。

⑨模拟通道输入（CH1、CH2）：用于显示波形的输入连接器。在实验中，所有实验的被测信号都由这两个通道送入。

⑪探头校准输出：初次启用示波器时进行探针补偿，或实验中检测探头好坏。

⑫USB 主机端口：用于数据传输，与“①硬拷贝键”配合使用。

⑬电源按钮：开启或关闭示波器。

⑭、⑰底部菜单键、侧菜单键：操作位于显示器面板底部的 7 个底部菜单键选择菜单项。操作面板侧面的侧面菜单键从菜单中选择某一个变量或选项。

⑮选项键（Option Key）。

⑯关闭菜单键（Menu off key）：隐藏屏幕菜单系统。

⑱显示屏：显示波形及参数。每个信号波形用纯色显示，用不同颜色对不同波形加以区分。本学期所用示波器 CH1 波形为黄色，CH2 波形为蓝色，参考波形为灰色，数学运算波形为红色。

2.用户界面

GDS-1072B 型示波器的用户界面如图 1.1.2 所示。

GDS-1072B 型示波器用户界面各部分的名称和作用如下：

①记忆棒：左侧显示存储器长度和采样率。

②触发状态：图标中对应文字表示意义如下：

- Trig’d　已触发；
- PrTrig　预触发；
- Trig　未触发，显示未更新；
- Stop　停止触发；
- Roll　滚动模式；
- Auto　自动触发模式。示波器处于自动模式并在无触发状态下采集波形。

正常状态下，触发状态应显示“Trig’d”，如果波形不能正常显示，务必观察该指标。

③采样方式：图标表示意义如下：

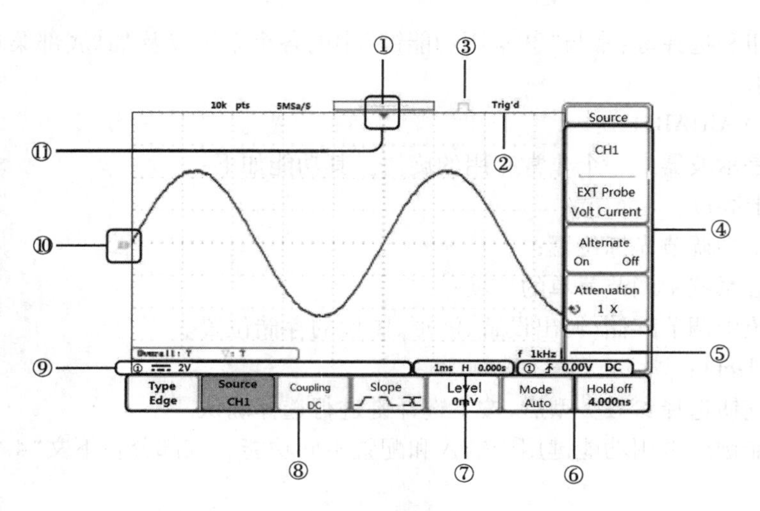

图 1.1.2 GDS-1072B 型示波器用户界面

- 正常(采样)模式;
- 峰值侦测模式;
- 平均模式。

采样方式一般设置为采样模式,信号幅度较小时可用平均值模式以观察更佳波形。

④侧菜单。

⑤波形频率:双通道显示波形时,该频率为触发源频率。

⑥触发设置:图标或读数显示某些触发设置指标。

⑦水平状态:以读数显示时基(时间坐标刻度)和水平位置。

⑧底部菜单。

⑨通道状态:以图标或读数显示当前通道信源、耦合方式、电压坐标刻度等参数。

⑩垂直位置:图标显示信号波形在垂直方向上下展开的起始位置。

⑪水平位置:图标显示信号波形在水平方向左右展开的起始位置。

3.控制系统

控制系统有垂直控制系统、水平控制系统、触发控制系统和执行控制系统。

1)垂直控制(VERTICAL)系统

可以使用垂直控制来显示波形、调整垂直刻度(电压坐标刻度)和位置、设置耦合方式。每个通道都有单独的垂直菜单,能单独进行设置。在垂直控制区有一系列的按键、旋钮。如图 1.1.3 所示。

(1)Volt/div 旋钮:调整纵坐标上每一格所表示的电压值。顺时针旋转增大,逆时针旋转减小。改变垂直刻度会导致波形在垂直方向扩张或收缩;调节范围为 1 mV/div ~ 10 V/div,1-2-5增量。该值显示在用户界面⑨中。

(2)垂直位置:旋转调整波形在显示界面中的上下位置。按下可设置垂直位置到零。

(3)CH1 和 CH2:垂直系统菜单控制键。按下打开菜单,再次按下关闭菜单。菜单内容见表 1.1.1。

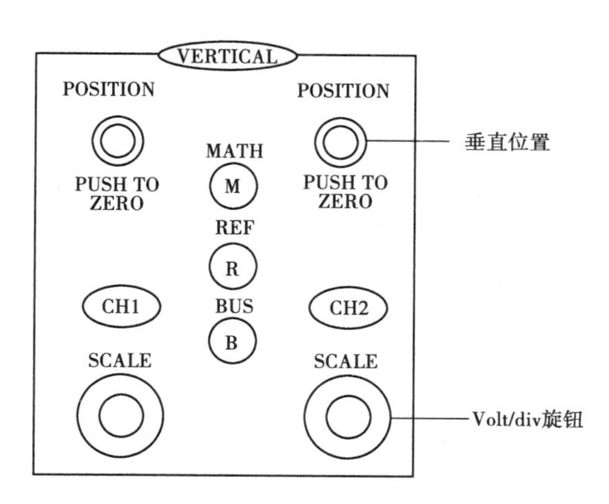

图 1.1.3　垂直控制系统

表 1.1.1　CH1,CH2 功能菜单

选　项	设　置	说　明	备　注
耦合	直流、交流、(接)地	直流:既通过输入信号的交流分量,又通过它的直流分量;交流:会阻碍输入信号的直流分量和低于 10 Hz 的衰减信号;(接)地:会断开输入信号	实验时用直流或交流
输入阻抗	1 MΩ	输入阻抗为 1 MΩ	实验时不用设置
反转	开、关	开:打开反相功能;关:关闭反相功能	实验时不用设置,默认关闭
带宽	全带宽 20 MHz	限制带宽,以便减小显示噪声;过滤信号,减小噪声和其他;范围:全带宽为 20 MHz	可以不考虑,默认全带宽
扩大	中央、底部	垂直刻度变化时,由中央展开方式可以看到一个信号是否有电压偏置,由底部展开是默认设置	默认设置即可
探针类型	电压、电流	信号探头可设置为电压或电流	多设置为电压
探针衰减	1X …	使其与所使用的探头类型相匹配,以确保获得正确的垂直读数。范围:1 mX~1 kX (1-2-5 增量)	一般多用 1X
偏斜校正(抗扭斜)		用于补偿示波器和探头之间的传播延迟。范围:-50~50 ns,10 ps 增量,默认设置为 0 s	默认设置即可

(4)MATH 功能:数学运算(MATH)功能是显示 CH1,CH2 通道波形相加、相减、相乘、相除等运算的结果。按下“M”按钮选择波形的各种数学运算方式。再次按下“M”按钮可以取消波形运算。相关运算形式见表 1.1.2。

表 1.1.2　数学计算功能说明

运　算	设　置	说　明	备　注
+	CH1+CH2	通道 1 的波形与通道 2 的波形相加	常用
−	CH1−CH2 CH2−CH1	通道 1 的波形减去通道 2 的波形 通道 2 的波形减去通道 1 的波形	不常用
*	CH1 * CH2	通道 1 的波形与通道 2 的波形相乘	不常用
/	CH1/CH2 CH2/CH1	通道 1 的波形除以通道 2 的波形 通道 2 的波形除以通道 1 的波形	不常用

(5)REF 功能:按下“REF”按钮设置或删除参考波形。在实际测试过程中,可以将实测波形与参考波形样板进行比较,从而判断故障原因。此法在具有详尽电路工作点参考波形条件下尤为适用。

(6)BUS 功能:本学期实验所用型号示波器不支持该功能。

2)水平控制(HORIZONTAL)系统

可以使用水平控制系统来设置水平刻度(时间坐标刻度)、水平位置和波形显示模式。在水平控制区有一系列按键、旋钮。如图 1.1.4 所示。

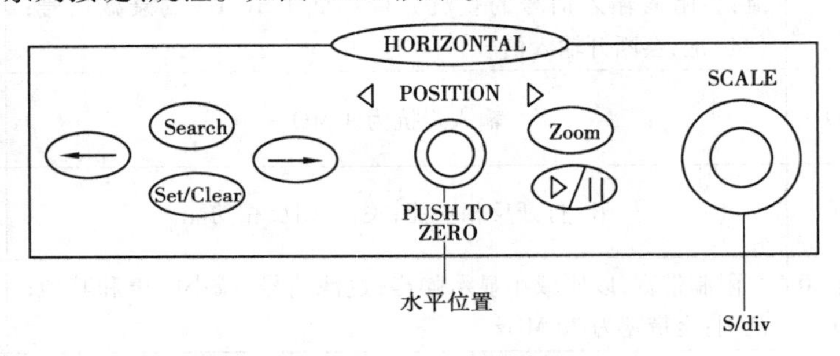

图 1.1.4　水平控制系统

(1)S/div:调整横坐标上每一格所表示的时间值。改变水平刻度会导致波形在水平方向扩张或收缩。

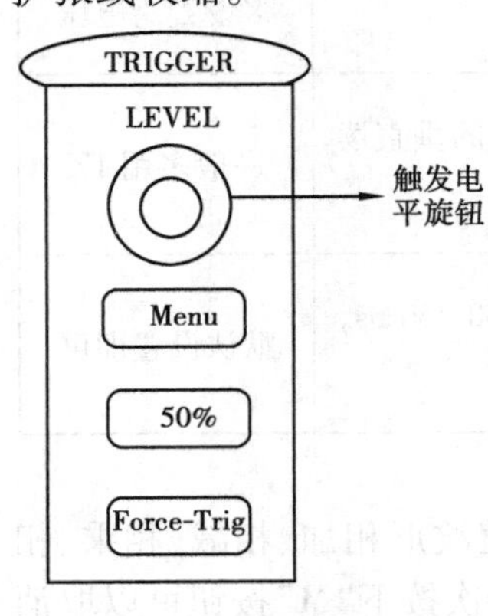

图 1.1.5　触发控制系统

(2)水平位置:旋转该旋钮可调整波形在显示界面中的左右位置。按下该旋钮可设置水平位置到零。

(3)Zoom 按钮:与 S/div 旋钮、可调旋钮(VARIABLE)配合使用,可将波形局部放大。缩放模式下,屏幕被分成两部分。显示器的顶部显示完整的记录长度,屏幕下方显示正常视图。

3)触发控制(TRIGGER)系统

触发器将确定示波器开始采集数据和显示波形的时间。正确设置触发器后,示波器就能将不稳定的显示结果或空白显示屏转换为有意义的波形。

如图 1.1.5 所示,在触发控制区有一个旋钮、三个按键。

(1)“Menu”:按下“Menu”按钮调出触发菜单。菜单项见表 1.1.3。

(2)“50%”:使用此按钮可以快速稳定波形。示波器可以自动将触发电平设置为大约是最小和最大电压电平间的一半。

(3)“Force-Trig”:无论示波器是否检测到触发,都可以使用该按钮完成当前波形采集。

(4)“LEVEL”旋钮:触发电平设定触发点对应的信号电压,以便进行采样。按下“LEVEL”旋钮可使触发电平归零。

表 1.1.3　触发菜单项

选　项	设　置	说　明	备　注
类型	边沿、延迟、脉冲宽度、视频、其他	边沿触发是最简单的触发方式,当信号的振幅临界具有正或负斜率时触发触发器;需在很长的一系列触发精确定位时用延迟;信号脉冲宽度与一个指定脉冲宽度比较用脉冲宽度触发;从视频格式信号提取同步脉冲,并触发特定的某一行或字段时用视频	一般用边沿
信号源	CH1、CH2、外部触发、交流电源	外部触发和交流电源本期实验不涉及	实验时用 CH1 或 CH2
耦合	直流、交流、高频抑制、低频抑制、噪声抑制	直流:允许通过信号的直流和交流成分;交流:阻止直流成分通过;高频抑制:抑制频率高于 70 kHz 的信号;低频抑制:抑制频率低于 70 kHz 的信号;噪声抑制:避免噪声触发	实验时一般选直流、交流或高频抑制
斜率	上升沿、下降沿、任意	选择从哪种边沿触发:上升沿为 ;下降沿为 ;任意为	实验时选上升沿或下降沿
准位	0 V、其他	波形垂直位置的电压电平大小	一般设置为零
模式	自动、正常、单次	自动:未触发时,产生内部触发,以确保波形不断更新,在较慢的时基下观察滚动波形时,选择此模式;正常:获取当触发发生时的波形;单次:按控制系统的 Single 获得一个波形即停止	多设置为正常

4)执行控制系统

GDS-1072B 型示波器的执行控制系统如图 1.1.6 所示。

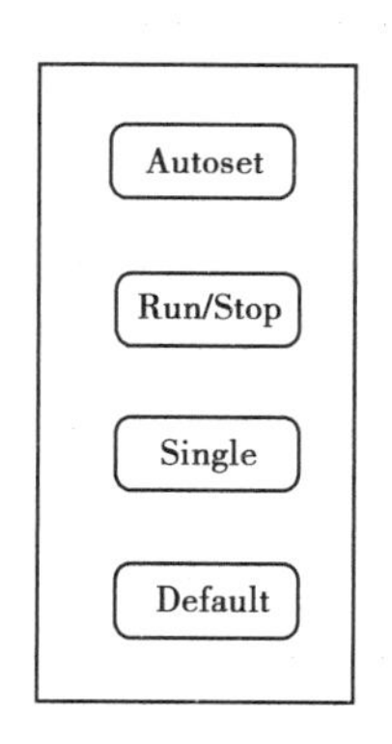

图 1.1.6　GDS-1072B 型示波器的执行控制系统

(1)自动设置键(Autoset):根据输入的信号,可自动调整电压挡位、时基以及触发方式,以显示波形最好形态。这是非常有用的一个功能,可快速自动调节波形显示。但当信号幅度较小或双通道显示波形时,手动调节更佳。

(2)运行/停止键(Run/Stop):停止或继续(运行)信号采集。

(3)单次(触发)键(Single):设置采集模式为单次触发模式。

(4)默认(出厂)设置键(Default):重置示波器的默认设置。

4.常用功能

GDS-1072B 型示波器的常用功能如图 1.1.7 所示。

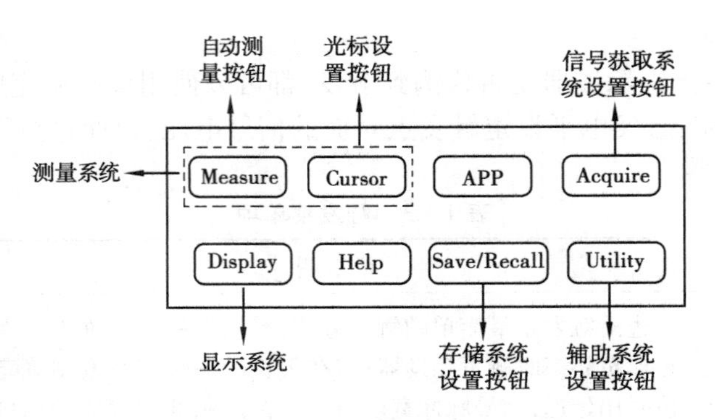

图 1.1.7　GDS-1072B 型示波器的常用功能

1)测量系统

(1)自动测量

“Measure”为自动测量的功能按键。采用自动测量,示波器会为用户进行所有的计算。按下“Measure”进入测量功能选择,再次按下则退出。按下“Measure”,弹出底部菜单,常用底部菜单项见表 1.1.4。

表 1.1.4　自动测量底部菜单项

选　项	说　明	备　注
选择测量	按下底部菜单对应按钮,在侧菜单中有 3 种测量类型可选:电压/电流测量、时间测量、延迟测量;共 36 种参数类型;一次最多可添加 8 种显示于屏幕底部	常用
删除测量	按下底部菜单对应按钮,从侧菜单“选择测量”进入删除某一测量选项,或从“删除全部”进入删除全部测量数据	常用
显示全部	按此按钮在屏幕上显示全部测量数据	

电压测量和时间测量是本课程实验测量中最常用的,其子菜单见表 1.1.5 和表 1.1.6。

表 1.1.5　电压测量子菜单

选　项	设　置	说　明
类型	峰峰值、最大值、最小值、振幅、高值、低值、平均、周期平均值、均方根值、周期均方根、区域、周期区域、上升过激、下降过激、上升前激、下降前激	子菜单弹出,“Select”键亮,旋转可调旋钮选择电压测量参数类型
信号源一	CH1,CH2,Math	选择电压测量的信号源,多用 CH1,CH2

电压测量中最常被测量的量是最大值、均方根值(交流有效值)。

表 1.1.6　时间测量子菜单

选　项	设　置	说　明
类型	频率、周期、上升时间、下降时间、正向脉宽、负向脉宽、占空比、正脉冲个数、负脉冲个数、上升边沿个数、下降边沿个数	子菜单弹出,"Select"键亮,旋转可调旋钮选择时间测量参数类型
信号源一	CH1,CH2,Math	选择时间测量的信号源

时间测量中最常被测量的是周期和频率。

下面举例说明具体的操作方法。

若自动测量 CH1 信号源均方根值,操作如下:

①按"Measure"按钮进入自动测量功能,弹出底部菜单;

②按底部菜单第一个选项按钮"选择测量",弹出侧菜单;

③按下侧菜单"电压/电流"对应的选项按钮进入电压测量子菜单;

④旋转可调旋钮选择要测量的电压参数类型;

⑤按"信号源一"选项按钮,根据信号输入通道选择对应的 CH1 或 CH2 通道;

⑥按"Select"键确认,此时,相应的图标和参数值会显示在显示屏底部。

其他参数测量,其操作与此类似。

若删除测量某一个数据,操作如下:

①按"Measure"按钮进入自动测量功能,弹出底部菜单;

②按底部菜单第二个选项按钮"删除测量",弹出侧菜单;

③按下侧菜单"选择测量"对应的选项按钮进入子菜单;

④旋转可调旋钮选择要删除的参数;

⑤按"Select"键确认,此时,相应的图标和参数值会从显示屏底部消失。

(2)光标测量

"Cursor"为光标测量的功能按键。光标测量有两种方式:手动方式、自动方式。

• 自动方式:"Acquire"信号获取系统设置为 XY 模式下,启用光标测量,此时,系统会显示对应的光标以揭示测量的物理意义,系统根据信号的变化自动调整光标位置,并计算相应的参数值显示于屏幕右侧。

• 手动方式:手动方式分为水平光标和垂直光标两种。水平光标或垂直光标用于显示波形的测量和数学运算结果的位置等。这些结果涵盖电压、时间、频率等数学运算。当光标(水平、垂直或二者)被激活时,它们将在屏幕上显示,直到手动关闭。手动方式用于测量一对水平或垂直的坐标值及两光标间的增量。测量时,使用可调旋钮来移动光标①和光标②。

Ⅰ.水平光标操作步骤(旋转可调旋钮左右移动光标)

a.按"Cursor"键 1 次进入光标功能菜单。

b.反复按"水平光标"对应按钮或"Select"键切换类型。切换类型分别是:左光标移动,右光标位置固定;右光标移动,左光标位置固定;左右光标一起移动。

c.测量数据显示在屏幕左上角,包括时间、电压/电流、光标差值等。

d.按"水平单位"对应按钮选择单位。

Ⅱ.垂直光标操作步骤(旋转可调旋钮上下移动光标)

a.连按“Cursor”键 2 次进入光标功能菜单。

b.反复按“垂直光标”对应按钮或“Select”键切换类型。切换类型分别是:上光标移动,下光标位置固定;下光标移动,上光标位置固定;上下光标一起移动。

c.测量数据显示在屏幕左上角,包括时间、电压/电流、光标差值等。

d.按“水平单位”对应按钮选择单位。

2)信号获取系统

“Acquire”为信号获取系统的功能按键,信号获取系统的功能菜单见表 1.1.7。

表 1.1.7 信号获取系统的功能菜单

选 项	设 定	说 明	备 注
模式	采样	用于采集和精确显示多数波形	多设定为“采样”
	峰值侦测	用于检测毛刺并减少“假波现象”的可能性	
	平均	用于减少信号显示中的随机或不相关的噪声,其子菜单平均次数(2,4,8,16,32,64,128,256)越大,波形越稳定	
设置水平位置到零秒		按下设置波形水平位置到零秒	
XY	关闭(YT) 被触发的 XY	XY 模式用于观察波形之间的相位关系;参考波形也可以在 XY 模式下使用;光标测量也可在 XY 模式下使用	本期实验常用 YT 模式
记录长度	1 K 点、10 K 点、100 K 点、1 M 点、10 M点	记录长度设置可存储的样本数;最大记录长度取决于操作模式	一般设置为“10 K 点”或“100 K点”

3)显示系统

“Display”为信号获取系统的功能按键,显示系统功能菜单见表 1.1.8。

表 1.1.8 显示系统功能菜单

选 项	设 定	说 明	备 注
类型	向量	采样点之间通过连线方式显示	实验中多用“向量”
	点	采样点间显示没有插值连线	
持续性	Off	设定保持每个显示的取样点显示的时间长度	实验中多用“Off”
	…,1 s,2 s,4 s,…		
	Infinite		
强度		设置波形亮度、格线强度、背光强度	
格线		设置格线类型	

4）存储系统

“Save/Recall”为存储系统的功能按键。

5）辅助系统

“Utility”为辅助系统功能按键。示波器显示语言种类在该菜单下设置。语言选择操作步骤如下：

①按下“Utility”按钮，然后按底部菜单“Language”对应按钮，弹出侧菜单。

②按下侧菜单相应按钮弹出子菜单，旋转可调旋钮选择语言种类，按下“Select”确认即可。

1.2　任意波形信号发生器

信号源广泛应用于各种电子线路、电子设备的测试。信号源实际上是一个振荡器，在没有外界信号输入时，能自动产生信号输出。它也可以看成能量转换器，即将电源的直流能量转换成输出信号的交流能量。信号源有很多种，包括正弦波信号源、函数发生器、脉冲发生器、扫描发生器、任意波形发生器、合成信号源等。任意波形信号发生器是信号源的一种，它综合具有其他信号源波形生成能力。

下面以 AFG-2225 型任意波形信号发生器为例介绍任意波形信号发生器的用户界面、控制面板和基本操作方法。

1.用户界面及控制面板

AFG-2225 型任意波形信号发生器的用户界面如图 1.2.1 所示。

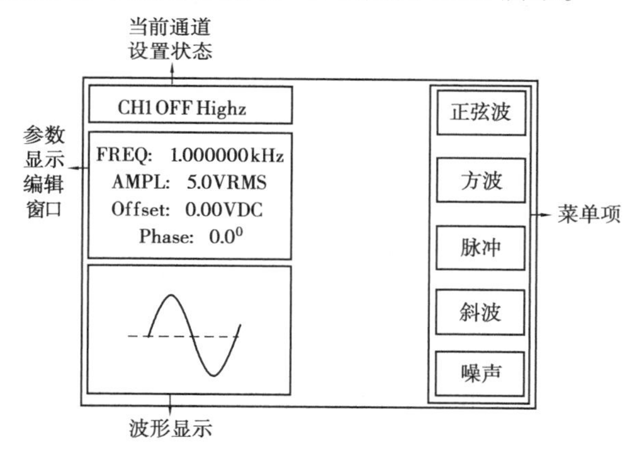

图 1.2.1　AFG-2225 型任意波形信号发生器的用户界面

用户界面为仪器前面板左侧 LCD 显示屏，用户界面信息主要分为 CH1 的通道状态、CH2 的通道状态和菜单项三部分。用户界面信息可供用户快速获取信号发生器当前产生信号的一些主要参数，但是精确观察波形及参数测量还需要通过示波器。

“当前通道设置状态”下，“CH1”表示信号源，“OFF”表示该信号源目前是关闭状态，开机时，默认状态为“OFF”；该状态需显示“ON”，信号发生器才打开波形输出，通过控制面板“OUTPUT”输出键设置该状态。

“Highz”代表信号发生器的输出阻抗设置为高阻。本期用信号发生器的输出阻抗可用通道切换键设置为“50 Ω”和“Highz”两种状态,为与示波器输入阻抗匹配,设置为“Highz”以免信号幅度产生较大误差。

“参数显示和编辑窗口”显示信号的频率、幅度、直流偏移、相位等参数。“波形显示”部分显示一个周期信号波形。“菜单项”最多可同时显示5项参数,通过操作控制面板功能键进行参数选择。

AFG-2225型任意波形信号发生器的控制面板如图1.2.2所示。

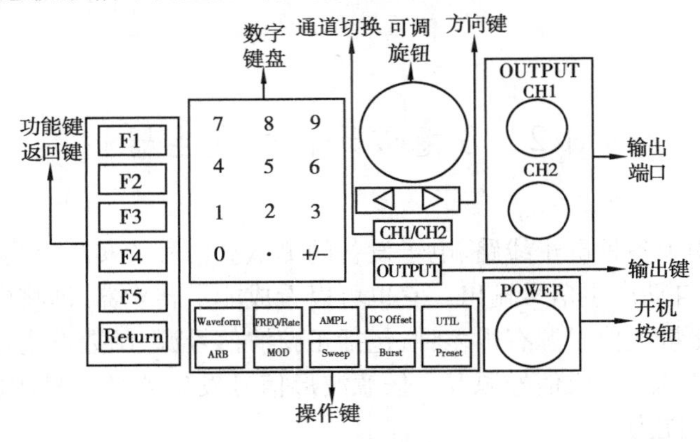

图1.2.2　AFG-2225型任意波形信号发生器的控制面板

控制面板包括一系列功能键和操作键,通过它们来设置信号发生器产生的信号的种类、参数及通道状态等。控制面板各按键、旋钮作用如表1.2.1所示。

表1.2.1　控制面板各按键、旋钮作用

名　称	功　能	说　明	备　注
F1—F5	功能键	用于功能激活,与菜单项配合使用	常用
Return	返回键	返回上一级菜单	
Waveform	操作键	用于选择波形类型,可产生正弦波、方波、脉冲、斜波、噪声5种信号波形	常用
FREQ/Rate		用于设置频率或采样率,最大频率可设置到15 MHz	常用
AMPL		用于设置波形幅值	常用
DC Offset		用于设置直流偏移	
UTIL		用于进入系统设置等,设置语言种类由此进入	
ARB		用于设置任意波形参数	
MOD		用于设置调制、扫描等	
Sweep			
Burst			
Preset	复位键	用于调取预设状态	
OUTPUT	输出键	用于打开或关闭波形输出	常用

续表

名　称	功　能	说　明	备　注
CH1/CH2	通道切换	用于切换两个通道	常用
OUTPUT	输出端口	CH1 为通道一输出端口,CH2 为通道二输出端口	常用
POWER	开机按钮	用于开关机	常用
方向键		当编辑参数时,可用于选择数字	常用
可调旋钮		用于编辑值和参数	常用
数字键盘		用于键入值和参数,常与方向键和可调旋钮一起使用	常用

2.基本操作方法

使用信号发生器的步骤是,开机后,先选择波形,然后调节频率和信号幅值,最后按下输出键输出信号波形。在调节频率和信号幅值的时候,注意数字键盘和可调旋钮、方向键的配合使用。

1.3　直流稳压电源

本期实验采用 FDP-3303C 直流稳压电源。

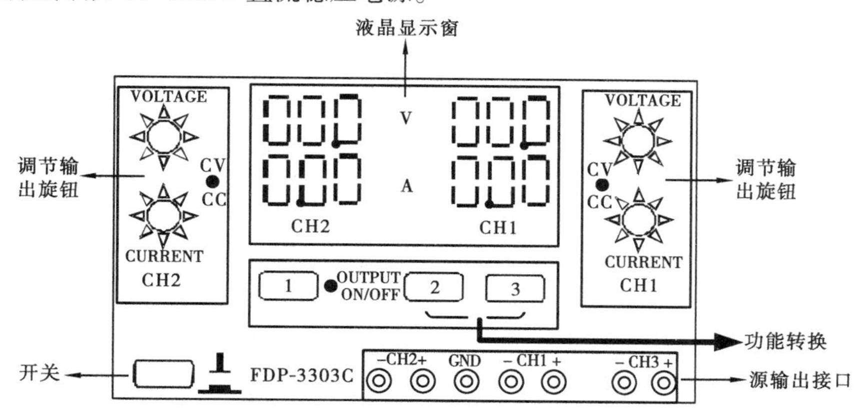

图 1.3.1　前面板

1.功能说明

开关:按下接通电源,弹起断开电源。

液晶显示窗:两路输出相同。下方显示当前电路工作时流过电源的电流值,上方显示当前输出电压值。

调节输出旋钮:顺时针调节使输出增大,逆时针调节使输出减小。

功能转换:“INDEP”两路电源各自独立使用。“SERIES”将两路电源串联使用。“PARALLEL”将两路电源并联使用。

源输出接口:三组源输出接口。CH1 和 CH2 分别是输出 0~30 V 可调电源; CH3 对应固定输出 5V 电源(液晶显示窗不显示该输出电压)。

2.使用说明

如需要一组 12 V 直流电压输出,可采用以下 3 种方法:

(1)稳压电源通电,按下开关,设定"功能转换"为 "INDEP"。图 1.3.1 所示 2,3 号按钮均弹起,按下 1 号按钮,对应"OUTPUT"指示灯亮。

(2)任选一组输出(CH2 或 CH1),调节"VOLTAGE"到最小,即逆时针到底,调节"CURRENT"到最大,即顺时针到底,此时,CV 指示灯显示为绿色,液晶显示窗显示数值均为零。

(3)顺时针调节"VOLTAGE"到所需输出电压 12 V。

由此作好实验所需直流电源的调节,再按各不同实验的要求接入电路。

1.4 万用表

本期实验采用 UT890D 型数字万用表。

数字万用表采用了大规模集成电路和液晶数字显示技术,它改变了传统的指针式万用表的电路和结构。在功能方面有更加突出的优点,如读数方便直观,准确度高,体积小、省电、功能多等。

1.面板功能键介绍

从面板上看,数字万用表由液晶显示屏、量程转换开关与测试插孔等组成。

(1)液晶显示屏直接显示被测量值的数值和单位,如 mV,mA,Ω,kΩ 等。显示最大值为 ±5999,过量程显示"OL"。

(2)量程转换开关位于表的中间。数字表的功能有直流电压、直流电流测量挡;交流电流、交流电压测量挡;电阻、电容测试挡;二极管和蜂鸣通断测试挡;频率及 hFE 挡。

(3)表笔插孔有 4 个:"COM"为公共端(负极端),插黑表笔;"V Ω"为测量直流电压、交流电压和电阻等参数时(除电流以外其他参数)的红表笔插孔(正极端);"20 A"大量程交流电流、直流电流测量插孔,插红表笔;"mA"为毫安级交流电流、直流电流测量插孔,插红表笔。

2.使用说明

(1)使用数字万用表前,首先要根据被测量,将红表笔、黑表笔插入正确的插孔。估计被测量值的大小范围,尽可能选用接近被测量的量程。但若在实验前不能估计被测量值的大概值,正确的做法是首先选用大量程,再根据被测量值的大小调整测量表的量程,使被测量值接近最大量程值。假如测量显示结果读数为"OL",表示被测量值超出所选挡测量范围(称为溢出),说明量程选得太小,可换高一挡的量程。

(2)交流(220 V,50 Hz)、直流电压和电流的测量。

①直流电压为 0~1000 V,交流电压为 0~750 V,交流电流、直流电流均为 0~20 A。交流显示值均为有效值,测直流时能自动转换和显示极性。

②测量电压时,将两表笔并接在被测元件两端。测量电流时,将万用表串联接入被测电路。

(3)测量电阻。数字万用表能自动调零。打开万用表电源开关,将量程开关旋到电阻挡的相应挡位,然后将两表笔跨接到电阻两引脚,读数稳定后显示测量结果。

(4)二极管的测量。有"—▶|—"标志的功能挡为专设的二极管测量挡,可测二极管的极性

和正向管压降值。用红、黑两表笔分别接触二极管的两个引脚，如果测量结果显示为“OL”，交换表笔，测得读数约为560(注意：该显示读数不是二极管的等效电阻值，而是正向电压降)，表明：①二极管是好的。第一次测量时的红表笔端为负极。②二极管的正向压降约为0.56 V。假如两次测量均显示溢出数“OL”(硅堆除外)或两次均有压降读数的话，表明该二极管已损坏。

(5)蜂鸣挡。可用来检查线路的通断。蜂鸣器有声响时，表示被测线路通($R \leqslant 10\ \Omega$)；蜂鸣器无声响则表示线路不通。要注意的是，使用蜂鸣挡时，被测线路只能在开路状态下，否则会产生错误判断。

3.使用注意事项

(1)数字万用电表的红表笔为“+”，黑表笔为“-”；指针式万用电表(50D型)红表笔为“-”，黑表笔为“+”。

(2)测10 Ω以下精密小电阻时(600 Ω挡)，先将两表笔短接，测出表笔线电阻(约0.2 Ω)，然后在测量中减去这一数值。

(3)为了节省用电，数字万用表设置了15分钟自动断电电路。自动断电后，若要重新开启电源，可点击任何按键或将开关旋至“OFF”后重新开机。

(4)在屏幕左上方出现“▭”符号时，应更换电池以确保测量精度。

第2章 模拟电子技术实验

2.1 常用电子仪器的使用

一、实验目的

(1)了解常用电子仪器的基本功能;
(2)掌握常用电子仪器的正确使用。

二、实验设备

实验设备见表2.1.1。

表 2.1.1

序 号	名 称	型号与规格	数 量	备 注
1	双踪示波器	GDS-1072B	1	
2	任意波形信号发生器	AFG-2225	1	
3	直流稳压电源	FDP-3303C	1	
4	数字万用表	UT890D	1	

三、实验内容

1.实验预习与思考题

(1)学习教材第1章所有内容。

(2)要求从AFG-2225任意波形函数信号发生器(信号源)输出“1000 Hz,2 V(有效值)”的正弦信号,写出操作步骤。

(3)示波器用户界面上“①1.00 V” 和“500 μS”的含义是什么?

注:(2)(3)的内容写在实验报告上,预习时完成。

2.实验准备

(1)先检查实验台上的实验设备,再将各实验设备名称与具体的设备对应上,并在实验报告中设备表格“型号与规格”栏记入本次实验所用设备的型号或规格(以后每一个实验都要做这个工作)。找到各设备的电源开关和一些主要的功能旋钮或按键,对照第 1 章的相关内容了解它们的作用。

(2)检查实验所用仪器是否与 220 V 交流电源连接。打开示波器、函数信号发生器、直流稳压电源等实验仪器的电源开关,并检查开关指示灯是否点亮。如果不亮,再次确认电源是否接通。

3.实验操作内容

1)直流稳压电源和数字万用表的使用

(1)将直流稳压电源设置为“单独”,电流“CC”旋钮顺时针旋到最大,电压“CV”旋钮逆时针旋到最小(到底)。

(2)顺时针调节电压“CV”旋钮,使电压输出为 12 V,对应液晶显示窗将显示“12.0”。

(3)数字万用表选择直流电压测量 60 V 挡。用万用表红表笔与电源红色接线柱接触,黑表笔与电源黑色接线柱接触。在万用表上对直流稳压电源的输出电压进行测量。

2)AFG-2225 任意波形信号发生器的使用

调节 AFG-2225 任意波形信号发生器,输出一个正弦波信号,要求“1 kHz,5 V(有效值)”。步骤如下:

①按下“波形”选择按键,波形选择“正弦波”;

②按下“频率”选择按键,在面板数据设置按键上设定“1”,单位选定“kHz”;

③按下“幅度”选择按键,在面板数据设置按键上设定“5”,单位选定“RMS”。

信号按要求设置完成。

3)GDS-1072B 示波器的使用

首先进行探头检查:

将探头与示波器连接器 CH1(或 CH2)进行正确连接,探头红色夹子夹在示波器右下角“探头元件”上端带有“⎍”符号的金属片上,探头黑色夹子夹在示波器右下角“探头元件”上端带有“⏚”符号的金属片上,示波器显示窗应显示一频率为 1 kHz 的方波。

若以上显示波形清晰、标准,再将红色夹子夹到黑色夹子上,示波器显示窗应显示一条清晰的直线。

以上两个实验可检查探头是否能正常传输信号。以下实验可用该探头进行。

(1)探头与示波器连接器 CH1(或 CH2)连接;示波器探头与信号源探头红—红,黑—黑对应连接。

(2)选择示波器自动设置“Autoset”按下,示波器自动将显示波形设置到最合适的状态。最佳显示是左右 2~3 个完整波形,上下占显示屏 2/3 屏幕。

(3)调节垂直控制系统中的大旋钮,观察波形变化,同时观察用户界面最下端所显示数值的变化,记下该旋钮键的功能;调节垂直控制系统中的小旋钮,观察显示窗中波形位置的变化,记下该旋钮键的功能。

(4)调节水平控制系统中的大旋钮,观察波形变化,同时观察用户界面最下端所显示数值的变化,记下该旋钮键的功能;调节水平控制系统中的小旋钮,观察显示窗中波形位置的变化,记下该旋钮键的功能。

(5)在常用功能系统中,选择自动测量按钮"Measure"按下。由示波器的测量系统对输入正弦信号的电压"有效值""峰值""周期""频率"等进行测量。将测量结果记入表2.1.2。

4)综合应用

由信号发生器输出一个方波(矩形波)信号,要求"5 kHz,2 V(有效值)"。在示波器上显示,按表2.2.1的要求对各量进行测量,并记录。在表2.1.2的坐标纸上绘出在示波器上观察到的正弦波波形和方波波形,并准确标注纵横坐标刻度。

表2.1.2 参数测量及波形绘制

信号源输出	示波器测量值 有效值/V				信号源输出	示波器测量值 有效值/V			
正弦波	有效值	峰值	频率	周期	方波	有效值	峰值	频率	周期
1 kHz 5 V					5 kHz 2 V				
横坐标刻度		纵坐标刻度			横坐标刻度		纵坐标刻度		

①调节任意波形信号发生器(AFG-2225),输出"2 kHz,5 V(峰值)"的正弦信号,用示波器测量其信号的峰值。所测量峰值应是输出的5 V(信号源显示的值与示波器的读数存在一定误差,以示波器的读数为准)。

②调节任意波形信号发生器,输出一个"1 kHz, 10 mV (有效值)"的正弦波信号。将该信号加到示波器上显示,调节示波器上的相关旋钮,让示波器上显示的波形大小合适,波形稳定。在实验报告中写出完整的操作步骤。(该调节操作是后续实验最基本和必需的操作)

四、撰写实验报告

(1)认真填写"实验名称""班级""姓名""学号""实验日期""同组人"等实验信息。

(2)通过预习,在实验报告上完成"实验目的""实验原理及实验电路""实验步骤"内容的整理和书写。

(3)认真、真实地整理并记录实验数据。

(4)根据实验数据对实验进行总结,并写出对本次实验的心得体会及建议。

2.2　单管共射放大电路

一、实验目的

(1)认识模拟电子电路的基本元件,能正确在多孔板上搭建单级放大电路;

(2)能依据实验的相关要求正确选择和使用电子仪器和仪表;

(3)掌握放大器静态工作点“Q”点的调试和测量方法,能正确分析静态工作点对放大电路性能的影响;

(4)掌握放大电路放大倍数 A_u,A_{uL}的测量方法。

二、实验电路

实验原理电路如图 2.2.1 所示。

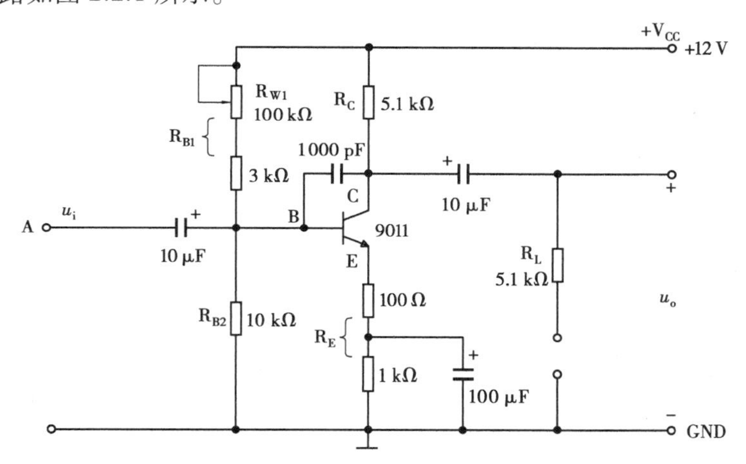

图 2.2.1　单管共射极放大电路

三、实验原理

1.电路的静态工作原理

本次实验电路为分压式偏置共射极放大电路。三极管为 9011(NPN 型硅管),直流电源 +12 V。电路由 R_{W1},3 kΩ 和 10 kΩ 三只电阻组成分压式偏置共射极放大电路,并在射极接入 R_E,共同构成稳定静态工作点的电路。其静态工作点的估算公式为:

$$U_{BQ}=\frac{R_{B2}}{R_{B1}+R_{B2}}V_{CC},I_E=\frac{V_E}{R_E}\approx I_C,I_B=\frac{I_C}{\beta},U_{CE}\approx V_{CC}-(R_C+R_E)I_C$$

在电路中调节 R_{W1},可实现对电路静态工作点的调节。

2.电路的动态工作原理

为使放大电路工作在放大区,且能获得一最大不失真输出,就必须给放大电路设置一个合适的静态工作点。

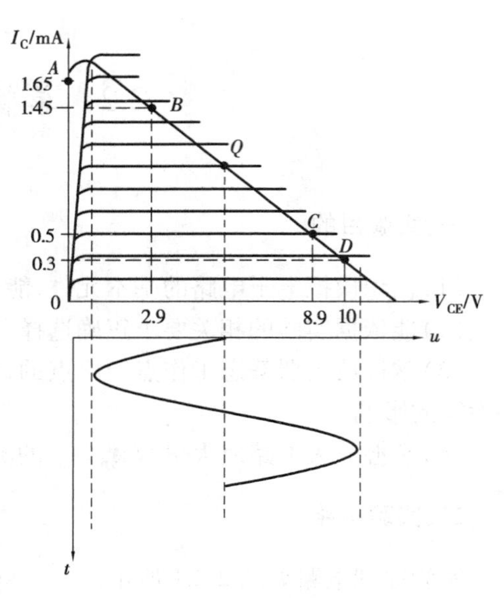

图 2.2.2　Q 点设置与输出波形失真分析 1

图 2.2.2 中 Q 点选在线性区的中部，信号动态变化范围未进入非线性区，因此输出波形不失真。

在输出波形不失真的条件下，放大电路的电压放大倍数可由以下公式计算得到：

$$A_u=\frac{u_o}{u_i}（放大器空载）$$

$$A_{uL}=\frac{u_{oL}}{u_i}（放大器带载）$$

3.输出波形的失真

由图 2.2.3(a)可知，当静态工作点“Q”设置过低时，信号动态范围超出放大区，进入截止区，信号出现截止失真，因输出信号波形失真出现在顶部，所以又称为顶部失真；由图 2.2.3(b)可知，当静态工作点“Q”设置过高时，信号动态范围超出放大区，进入饱和区，信号出现饱和失真，因输出信号波形失真出现在底部，所以又称为底部失真。

在电路中通过调整电位器 R_{W1}（增大或减小），可消除以上两种波形的失真。

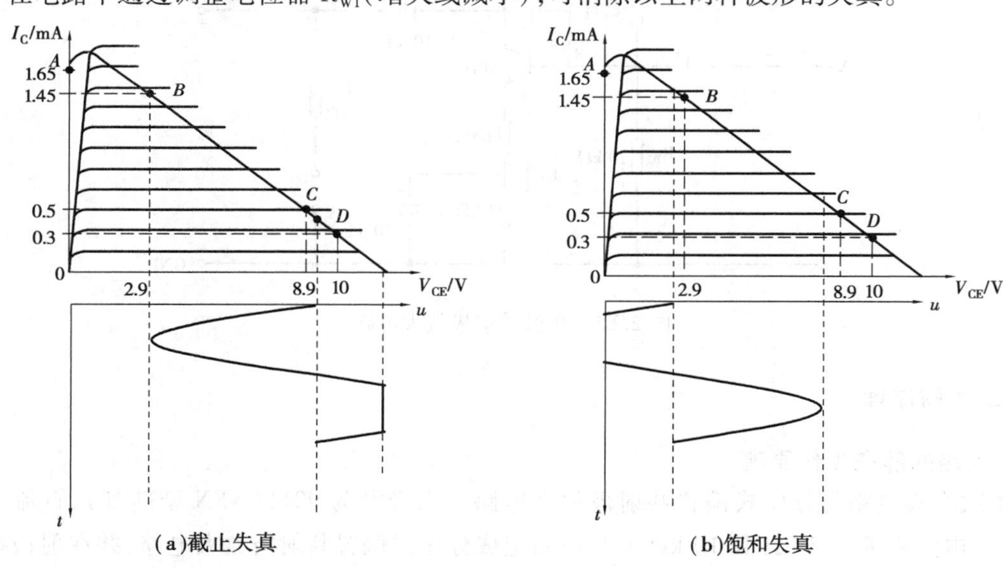

图 2.2.3　Q 点设置与输出波形失真分析 2

四、实验设备

实验设备见表 2.2.1。

表2.2.1

序　号	名　称	型号与规格	数　量	备　注
1	双踪示波器	GDS-1072B	1	
2	任意波形信号发生器	AFG-2225	1	
3	直流稳压电源	FDP-3303C	1	
4	数字万用表	UT890D	1	
5	学生自制单级放大电路板		1	

五、实验内容

1.预习内容及思考题

(1)预习单级放大电路的静态分析和动态参数估算理论知识。

(2)静态工作点的调试方法也适合其他类型的放大电路,这种方法的理论依据是什么?

(3)放大电路的失真及失真分析。

2.实验准备内容

1)元、器件的认识

(1)电阻器

电阻实质上是把吸收的电能转换成热能的换能元件。在电路中,电阻元件具有分压和分流的作用。阻值是电阻的主要参数之一,电阻器的标称阻值在电阻的表面上用文字符号或色环表示。各常用电阻器见图2.2.4。

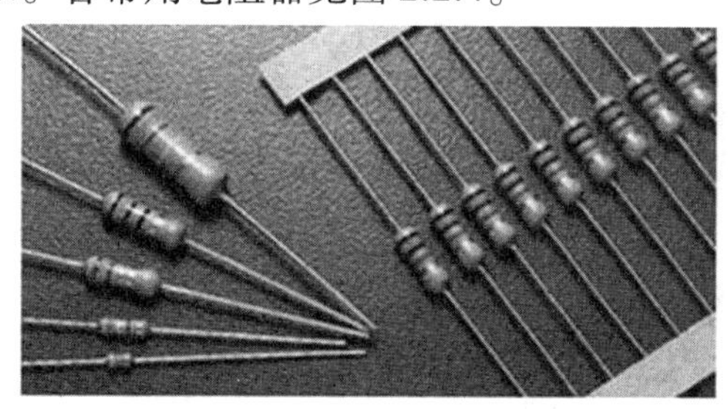

碳膜电阻

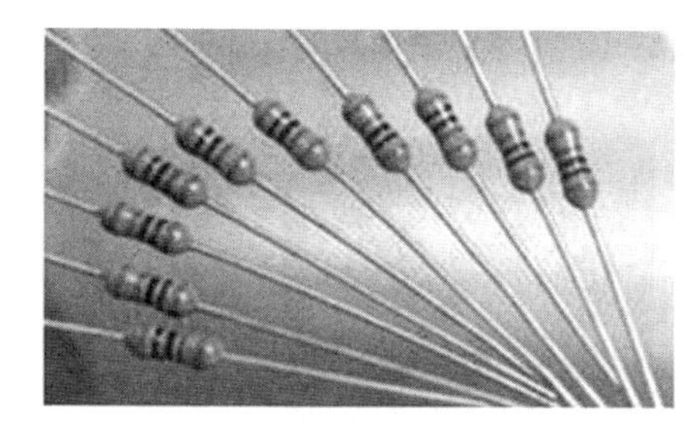

金属膜电阻

线绕电阻

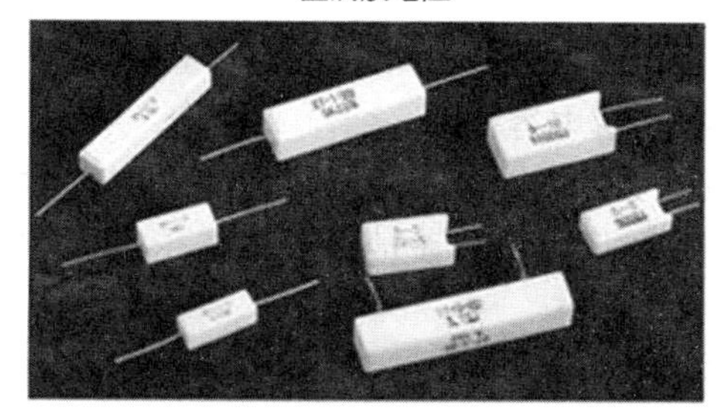

水泥电阻

图2.2.4　电阻器

(2)电位器(可调电阻)

电位器是一种可调电阻器。电位器对外有 3 个引出端,其中两个为固定端,另一个是滑动端。

本次实验选用有机实芯电位器,该电位器的优点是结构简单、耐高温、体积小、寿命长。实物外形和电路符号如图 2.2.5 所示。从电阻器上的数字可以知道该电阻器的电阻值,比如:"101"表示 $10\times10^1=100\ \Omega$,"203"表示 $20\times10^3=20\ k\Omega$,"502"表示 $50\times10^2=5\ k\Omega$,"503"表示 $50\times10^3=50\ k\Omega$。

(a)实物外形

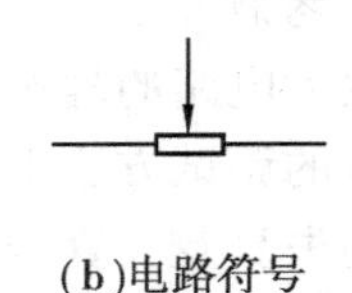

(b)电路符号

图 2.2.5 有机实芯电位器

(3)瓷介电容器

瓷介电容器是一种生产历史悠久、容易制造、成本低廉、安装方便、应用非常广泛的无极性电容器,在实验电路中用于消除电路中的高频振荡信号。瓷介电容器的实物外形与电路符号如图 2.2.6 所示。从电容器上的数字可以知道其容量,比如:"101"表示 10×10^1 pF = 100 pF,"104"表示 10×10^4 pF = 0.1 μF。同理"224"表示 22×10^4 pF = 0.22 μF。

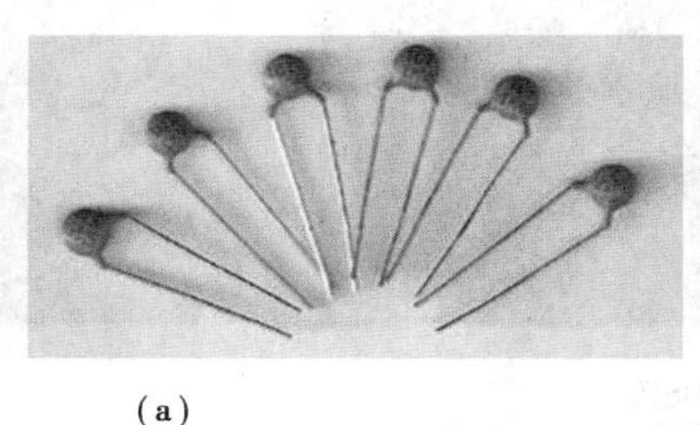

(a)

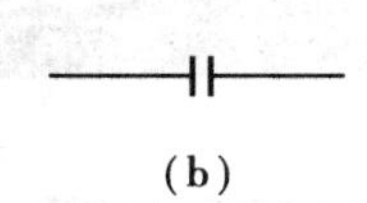

(b)

图 2.2.6 瓷介电容器

(4)电解电容器

电解电容器以金属氧化膜做介质,以金属和电解质做电容的两个电极,金属为阳极,电解质为阴极。电解电容器是有极性电容,接入电路时应分清正、负极性。其实物外形和电路符号如图 2.2.7 所示。

(5)半导体三极管

半导体三极管或晶体管简称三极管,是组成各种电子电路的核心器件。本次实验使用的半导体三极管为 9011(NPN 型硅管),其实物外形和电路符号如图 2.2.8 所示。9011 基本参数如下:

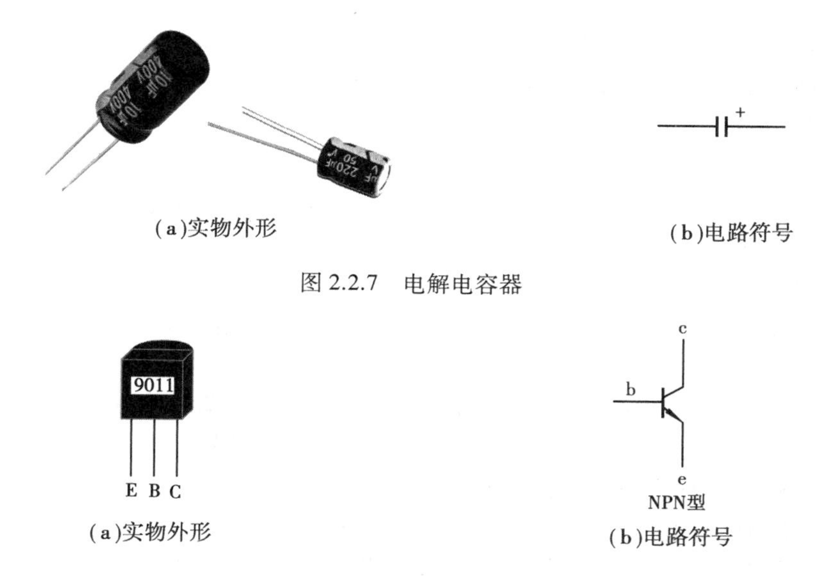

(a)实物外形 (b)电路符号

图2.2.7 电解电容器

(a)实物外形 (b)电路符号

图2.2.8 半导体三极管

$$\beta \approx 100$$
$$I_{CM} = 30\ \text{mA}$$
$$U_{CEO} = 30\ \text{V}$$
$$P_{CM} = 0.4\ \text{W}$$

2)多孔板的认识

多孔板正面为元件面,按电路的连接方式合理布局元器件,要求排列合理、美观,信号左入右出。多孔板反面为焊接面,电路连接线排列按“横平、竖直、倒直角”的原则进行各元器件的连接,不允许斜线和跳线。多孔板的正面和反面如图2.2.9所示。

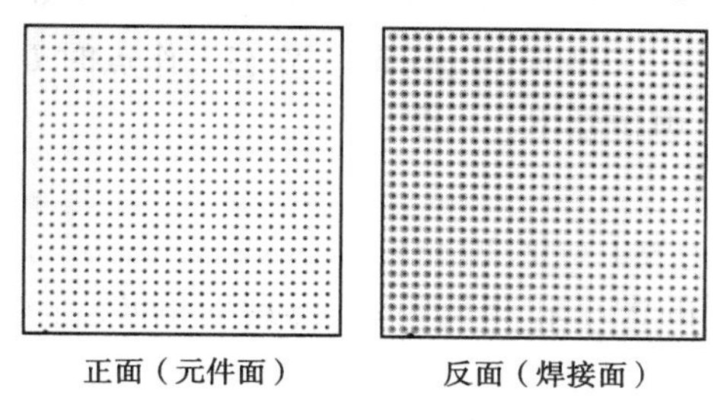

正面(元件面) 反面(焊接面)

图2.2.9 多孔板

3.实验操作内容

1)单级放大电路的焊接

(1)焊接前的准备工作要充分,要看懂单级放大电路的原理图。认真检查所有元器件(数量、型号参数、物理特征、引脚长度是否合适、有无锈蚀现象等)。

(2)元器件安装前要整形,但不能过度弯折。

(3)电阻、电容、电位器要贴板安装。

(4)按原理图合理布局,并根据元器件的大小、高矮分批安装、焊接并剪去多余引线。

(5)焊接时间要恰当,焊点要圆润、饱满。连接线应先镀锡、整形后焊接。

注:焊接面自带松香焊接时间要短,否则易烫坏焊点。

2)焊接电路检查

(1)检查三极管的三个管脚有无错焊;

(2)检查三个电解电容的位置及极性是否正确。特别注意 100 μF 的电容的极性不能接反,否则会发生爆炸。

(3)电阻的阻值是否张冠李戴。

(4)用万用表的蜂鸣挡检查电源的进线、地线等该连通的地方是否连通。

3)电路调试

(1)直流稳压电源(FDP-3303C)输出直流电压+12 V,接入单级共射放大电路+V_{CC}位置和公共端之间。输入正弦交流信号 u_i(1 kHz、50 mV),双踪示波器 CH1 接在被测电路输入端,CH2 接在电路输出端,直接按示波器"Autoset"键,如果电路一切正常,则在示波器上显示输入和输出两个相位相反的正弦信号波形。

(2)将电位器 R_{W1}调大,观察示波器上的输出波形。当示波器输出波形出现上半部分平顶时,停止调节电位器 R_{W1}。此时输出波形的失真应为截止失真。记录波形,并用万用表的直流电压挡测 U_{CE}的值。将观察到的波形绘制在表 2.2.2 对应位置,测量 U_{CE}并记入表 2.2.2 对应位置。

(3)将电位器 R_{W1}调小,观察示波器上的输出波形。当示波器输出波形出现下半部分平顶时,停止调节电位器 R_{W1}。此时输出波形的失真应为饱和失真。记录波形,并用万用表的直流电压挡测 U_{CE}的值。将观察到的波形绘制在表 2.2.2 对应位置,测量 U_{CE}并记入表 2.2.2 对应位置。

(4)调节电位器 R_{W1},使波形双向不失真(此时三极管 C 极的静态电压 U_{CQ}在 6 V 左右)。

(5)将输入交流信号加大到 80 mV,微调电位器 R_{W1},使输出波形双向不失真。

(6)将输入交流信号调到 100 mV(或更大的输入),微调电位器 R_{W1},直至输出波形双向同时失真(失真基本对称),即同时出现截顶和截底的双向失真波形。此时放大电路的静态工作点 Q 达到最佳静态值。观察输出波形,并将波形绘制在表 2.2.2 对应位置,然后用万用表的直流电压挡测 U_{CE}的值,记入表 2.2.2 对应位置(最佳静态工作点时 U_{CE}电压约为 5.6 V)。

注:在后续的实验中保持电位器 R_{W1}不变。

4)电路功能测试

(1)输入正弦交流信号 u_i为 1 kHz,10 mV。

(2)观察输入、输出波形的大小和相位关系,测此时的 U_{CE}。将输入、输出波形绘制在表 2.2.2的相应位置,并在对应位置记录 U_{CE}的测量值。

(3)通过示波器测量电路不带负载 R_L时的输出电压有效值 U_o;带负载 R_L 时的输出电压有效值 U_{oL},记入表 2.2.3 对应位置,并计算单级共射放大电路的电压放大倍数。

(4)撤去输入信号,用万用表直流电压 60 V 挡测量此时电路中三极管三个管脚的对地电压 U_B,U_E,U_C,将测量数据记入表 2.2.4 中。

六、实验数据记录与分析

1.波形观察、直流参数测试及输出波形绘制

表 2.2.2　失真类型分析与波形绘制

	最佳静态工作点 $U_i \approx 10$ mV	最佳静态工作点 $U_i \approx 100$ mV	静态工作点过低 $U_i \approx 50$ mV	静态工作点过高 $U_i \approx 30$ mV
波形				
U_{CE}				
失真类型				

2.电路放大倍数的测量

将输入信号 u_i 接入电路，用示波器（或毫伏表）依次测量此时单级放大电路的空载输出电压 U_o 和带载输出电压 U_{oL}，填入表 2.2.3 中，并完成电路电压放大倍数 A_u 和 A_{uL} 的计算。

表 2.2.3　动态参数测量与计算（$\beta \approx 100$）

实测参数（有效值）/mV			实测计算值		理论估算值
U_i	U_o	U_{oL}	A_u	A_{uL}	A_u
10 mV					

3.最佳静态工作点的直流参数测量

断开输入信号 u_i，用万用表直流电压 60 V 挡测量最佳工作点的静态参数，并填入表 2.2.4内。

表 2.2.4　最佳静态工作点参数测量

实测值/V			实测计算值	
U_B	U_E	U_C	I_C/mA	U_{CE}/V

七、撰写实验报告

（1）认真填写“实验名称”“班级”“姓名”“学号”“实验日期”“同组人”等实验信息。

（2）通过预习，在实验报告上完成“实验目的”“实验原理及实验电路”“实验步骤”内容的整理和书写。

（3）认真、真实地整理并记录实验数据。

（4）根据实验数据对实验进行总结，并写出对本次实验的心得体会及建议。

2.3　互补对称功率放大器(OTL)

一、实验目的

(1)了解互补对称功率放大器的电路结构及特点;
(2)熟悉互补对称功率放大器的调试方法;
(3)观察交越失真波形,掌握消除交越失真的方法;
(4)掌握功率放大电路主要性能指标的测量方法。

二、实验电路

实验原理电路如图 2.3.1 所示。

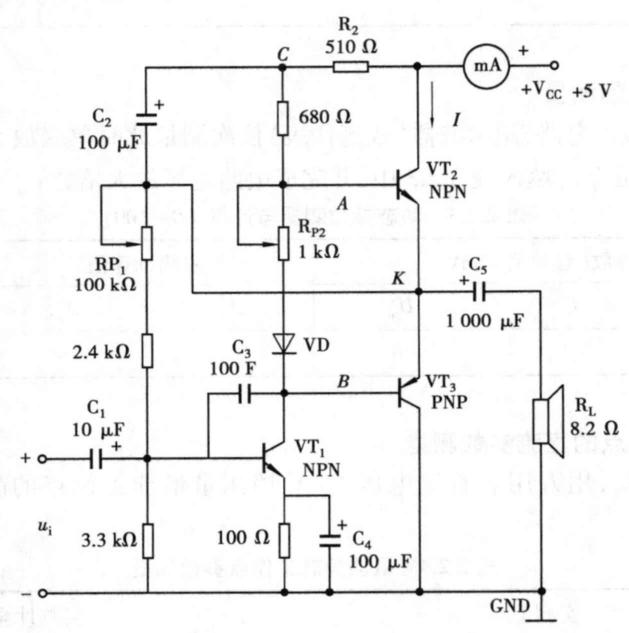

图 2.3.1　互补对称功率放大电路

三、工作原理

根据静态工作点位置的不同,功率放大电路分为甲类、乙类、甲乙类。该实验电路是甲乙类功率放大电路,静态工作点设置在放大区接近截止区的位置。

1.甲乙类单电源互补对称电路工作原理

图 2.3.1 中的 VT_1 组成前置放大级,VT_2 和 VT_3 组成互补对称电路输出级。VT_1 组成的前置放大级是常用的共射极放大电路,能将输入端小信号电压不失真地进行放大。放大后的信号电压直接耦合到下一级(功放级)。VT_2 和 VT_3 组成互补对称功率放大电路的输出级,实现信号电流的放大,从而最终实现功率放大输出。

在理想情况下，电路的最大不失真输出功率为

$$P_{om}=\frac{I_{cm}}{\sqrt{2}}\frac{U_{cm}}{\sqrt{2}}=\frac{1}{2}\frac{V_{CC}}{2R_L}\frac{V_{CC}}{2}=\frac{V_{CC}^2}{8R_L}$$

电路的实际输出功率为

$$P_o=\frac{U_o^2}{R_L}$$

电路的直流电源供给的平均功率，在理想情况下，即 $U_{om}\approx\frac{1}{2}V_{CC}$时，

$$P_V\approx\frac{4}{\pi}P_{om}$$

电路的实际电源输出功率为

$$P_V=V_{CC}I_D$$

电路的能量转化效率 η，在理想状态下为

$$\eta=\frac{P_{om}}{P_V}$$

实际电路中，

$$\eta=\frac{P_o}{P_V}$$

最大输出功率时三极管的管耗 P_T为

$$P_T=P_V-P_{om}$$

2.自举电路工作原理

R_2，C_2组成自举电路。当时间常数 R_2C_2足够大时，u_{C2}(电容 C_2两端的电压)、V_{C2}(电容 C_2正极对公共端电位)将基本为常数，不会随 u_i 而改变。这样，当 u_i 为负时，VT_3 导通，u_K 将由$\frac{V_{CC}}{2}$向大于$\frac{V_{CC}}{2}$方向变化，考虑到 $u_C=u_{C2}+u_K=V_{C2}+u_K$，显然，随着 K 点电位升高，C_2电位也自动升高。因而，即使输出电压幅度升得很高，也有足够的电流 i_{B1}使 VT_2 充分导通。这种工作方式称为自举，即电路本身把 u_C提高了。

四、实验设备

实验设备见表 2.3.1。

表 2.3.1

序　号	名　称	型号与规格	数　量	备　注
1	双踪示波器	GDS-1072B	1	
2	任意波形信号发生器	AFG-2225	1	
3	直流稳压电源	FDP-3303C	1	
4	数字万用表	UT890D	1	
5	模拟电路实验板		1	

五、实验内容

1.实验预习内容及思考题

(1)复习关于共射放大电路和 OTL 电路的工作原理。

(2)查找相关资料,说明电路中 4 只电容在电路中的作用。

(3)在实验电路的参数条件下,计算电路的最大不失真输出功率。

(4)画出交越失真的波形,说明消除交越失真的实验方法。

(5)甲类、乙类和甲乙类功率放大电路的能量转化效率如何计算?

(6)功率放大器能否长时间工作在最大功率输出状态? 为什么?

注:(2)(3)(4)的内容要写在实验报告上,预习时完成。

2.实验准备

功率放大器电路正常工作时,两个最重要的参数是末级工作静态电流 I 和末级中点电压 U_K。末级工作静态电流 I 与交越失真有关:若 I 过小,则输出信号出现交越失真;若 I 过大,电路的功耗要增大;更大则可能烧坏三极管。

末级中点电压 U_K 与输出信号正负半周动态范围有关,理论上应为$\dfrac{V_{CC}}{2}$。

(1)按原理电路如图 2.3.1 在实验电路板上接好实验电路。选择示波器 CH1 通道接在电路的输入端,CH2 通道接在电路的输出端。

(2)接通电源前,将 R_{P2}调到最小。该操作的目的是保护末级推挽输出三极管。在实验电路中将 R_{P2}顺时针旋转到底,用万用表电阻量程验证其阻值是否为“零”。

(3)确定电路连接无误后,将直流稳压电源电压调至 5 V,接入实验电路直流电源对应输入端($+V_{CC}$),直流电源公共端接实验电路公共端。

(4)信号源输出信号设定为“1 kHz,10 mV(有效值)”正弦波,接到电路输入端。

3.实验操作

(1)顺时针调节 R_{W1} 和 R_{W2} 到底。接通电源,观察输出波形,此时输出波形应存在交越失真。

(2)逐渐调大 R_{W1},将中点电位调至 2.5 V。

(3)调节 R_{W2}使交越失真刚好消失。

(4)增大输入信号,使输出波形增大,直到输出波形刚好双向不失真。

(5)测量中点电位是否为 2.5 V,若有偏移,微调 R_{W1},将中点电位调至 2.5 V 后测试数据。

注:不得再调节电位器 R_{W1}和 R_{W2}。

(6)用示波器的测量功能测量此时的输入、输出电压有效值并记入表 2.3.2 中。读直流稳压电源上显示的电流值,记入表 2.3.2 中。

注:输入信号增加后,数据测量应在短时间内完成。(思考:为什么?)

(7)撤去输入信号,用万用表直流挡的合适挡位测量 VT_1,VT_2,VT_3 3 只三极管的静态工作电压,并将数据记入表 2.3.3 中。

六、数据记录与分析

1.动态参数

表 2.3.2　动态参数测量与计算

测量值			计算值			
V_i/mV	V_o/V	I_D/mA	P_O/W	P_V/W	P_T/W	η

2.静态参数

将输入信号撤去，用万用表的直流电压挡测量各三极管的静态参数，并记入表 2.3.3 中。

表 2.3.3　静态参数测量

	VT_1	VT_2	VT_3
V_B/V			
V_E/V			
V_C/V			
K 点电位			

七、撰写实验报告

（1）认真填写“实验名称”“班级”“姓名”“学号”“实验日期”“同组人”等实验信息。

（2）通过预习，在实验报告上完成“实验目的”“实验原理及实验电路”“实验步骤”内容的整理和书写。

（3）认真、真实地整理并记录实验数据。

（4）根据实验数据对实验进行总结，并写出对本次实验的心得体会及建议。

2.4　差分放大电路

一、实验目的

（1）了解差分放大电路的结构特点和输入、输出方式；

（2）熟悉差分放大电路的工作原理；

（3）掌握差分放大电路主要性能指标的测量方法。

二、实验电路

实验原理电路如图 2.4.1 所示。

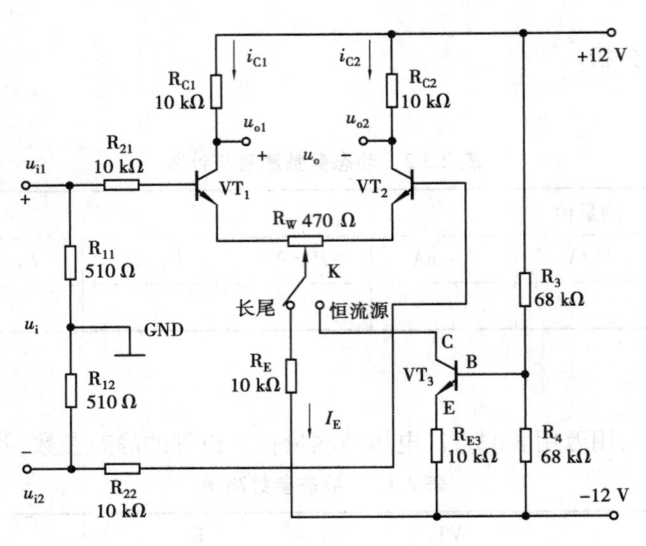

图 2.4.1　差分放大电路

三、工作原理

差分放大电路是由两个结构、参数均相同的三极管组成的共射极放大电路。电路有两种基本形式:一种是长尾差分放大电路(有射极电阻 R_E);另一种是恒流源差分放大电路。两种电路都具有稳定静态工作点,抑制共模信号,放大差模信号的特点。

差分放大电路有 4 种输入输出组合形式:单端输入、单端输出;单端输入、双端输出;双端输入、单端输出和双端输入、双端输出。

双端输出的差模放大倍数为

$$\dot{A}_{od} = -\frac{\beta R_{c1}}{R_{21} + r_{be1}}$$

共模放大倍数为

$$\dot{A}oc \approx 0$$

共模抑制比为

$$K_{CMR} = \left|\frac{A_d}{A_c}\right| \to \infty$$

单端输出的差模放大倍数为

$$\dot{A}_{od} = -\frac{1}{2}\frac{\beta R_{C1}}{R_{21} + r_{be1}}$$

共模放大倍数为

$$\dot{A}_{oc} \approx \frac{-R_c}{2R'_e}$$

其中 R'_e 为 $\left(R_E + \frac{R_W}{2}\right)$ 或恒流源等效电阻。

电路的作用是抑制共模信号(零点漂移),放大差模信号。

四、实验设备

实验设备见表 2.4.1。

表 2.4.1

序　号	名　称	型号与规格	数　量	备　注
1	双踪示波器	GDS-1072B	1	
2	任意波形信号发生器	AFG-2225	1	
3	直流稳压电源	FDP-3303C	1	
4	数字万用表	UT890D	1	
5	模拟电路实验板		1	

五、实验内容

1.实验预习内容及思考题

(1)预习单级共射放大电路静态工作点的设置。

(2)预习差分放大电路在单端输入和双端输入时,输入信号的电路连接方式。

(3)计算图 2.4.1 中射极为 $R_E=10\ \text{k}\Omega$ 时电路的静态工作点。设 $\beta_1=\beta_2=\beta=100$,$R_W$ 在中点。

(4)在差动放大电路中,用于信号放大的三极管 VT_1,VT_2 在选择时有什么要求?

注:(3)(4)的内容要写在实验报告上,预习时完成。

2.实验准备

(1)按原理电路图 2.4.1 在实验电路板上接好实验电路。选择示波器两个通道 CH1 和 CH2,分别接在电路的输入、输出端。

(2)将两路直流稳压电源电压都调至 12 V,并连接成±12 V 双电源工作方式,接入实验电路直流电源对应输入端,两直流电源公共端接实验电路公共端。

3.实验操作

1)电路的静态调节

(1)开关 K 选择“长尾”工作方式,两输入端 u_{i1},u_{i2}短接并接地,通电 2 分钟后调节发射极平衡电位器 R_W,同时用数字万用表直流电压 60 V 挡测输出电压 U_o(U_{o1},U_{o2}之间的直流电压),尽可能使 $U_o=0$ V。然后逐渐减小电压表量程,尽量在最小量程条件下满足 $U_o=0$ V,此时该电路的两只三极管 VT_1,VT_2 应是对称工作的,电路无零点漂移,即输入为“零”,输出为“零”。测量两只三极管 VT_1,VT_2 各极电位值,记入表 2.4.2 第一行。

(2)开关 K 选择恒流源工作方式,重复①的操作。在 $U_o=0$ V 时,测量 VT_1,VT_2 各极电位值,记入表 2.4.2 第二行。同时测出恒流源三极管 T_3 在此时的各极电位值,记入表 2.4.2 第四行。

2)电路差模电压放大倍数(电压增益)测量

(1)将图 2.4.1 电路中的开关 K 置于恒流源工作位置。再次测量 U_o,尽量保证 $U_o\approx0$ V。如果不满足则微调发射极平衡电位器 R_W。

(2)调节信号源,使输出一个"1 kHz,300 mV(有效值)"的正弦信号,并按图 2.4.2 所示的输入连接方式,将信号源接入图 2.4.1 所示电路的输入端。

(3)观察示波器所显示的输出信号波形。在输出波形不失真的状态下,用示波器的测量功能测量单端输出电压有效值 U_{o1},U_{o2} 和双端输出电压有效值 U_o,记入表 2.4.3 第一行,并分别计算对应表中各电压放大倍数。

(4)实验电路不变,再按图 2.4.3 的方式将"1 kHz,300 mV(有效值)"正弦交流信号接入电路输入端。在输出波形不失真的状态下,用示波器的测量功能(或交流毫伏表)测量单端输出电压 U_{o1},U_{o2} 和双端输出电压 U_o,记入表 2.4.3 第二行,并计算表中各电压放大倍数。

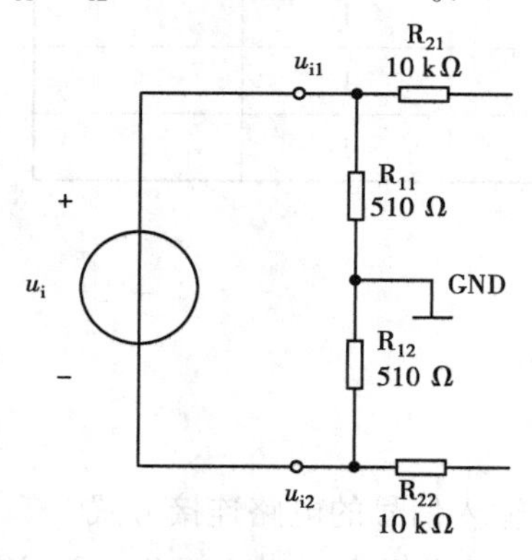

图 2.4.2　双端输入差模信号

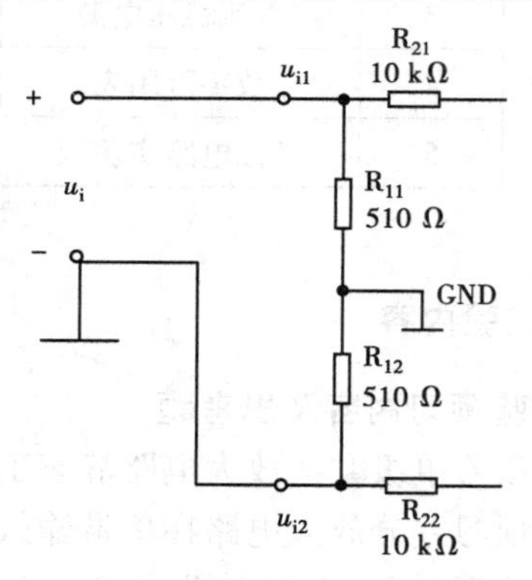

图 2.4.3　单端输入差模信号

3)电路共模电压放大倍数(电压增益)测量

(1)按照图 2.4.4 电路的输入连接方式,将输入信号连接到电路输入端。将设定好的"1 kHz,300 mV(有效值)"正弦交流信号从单端输入,在输出波形不失真的状态下,用示波器的测量功能(或交流毫伏表)测量单端输出电压有效值 U_{o1},U_{o2} 和双端输出电压有效值 U_o,记入表 2.4.4 中,并计算表中各电压放大倍数。

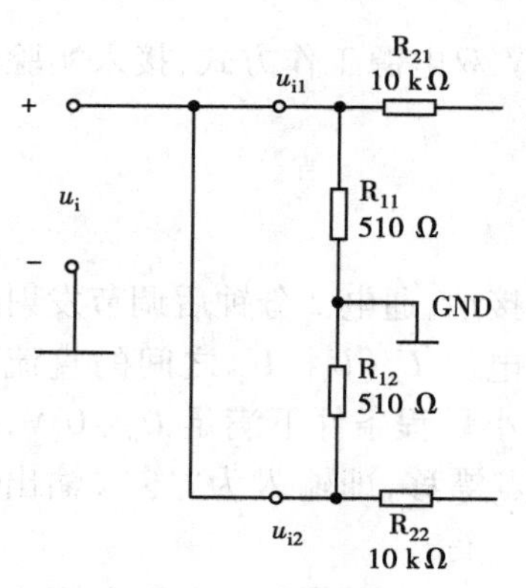

图 2.4.4　单端输入共模信号

(2)观察温度对放大电路工作点的影响。

断开输入信号,并将输入端对地短路。用数字万用表直流电压 2 V 挡,观察输出电压 U_o 随温度变化出现的漂移现象。

用手同时捏住 T_1,T_2 两只三极管(温度对两只三极管产生影响),此时电路将出现工作点漂移,而且是两只三极管同时产生温漂。仔细观察 U_o 的变化速度,手指离开三极管继续观察,等待放大电路状态再次稳定。

接下来用手捏住其中一只三极管不放(温度对一只三极管产生影响),仔细观察 U_o 的变化速度。

以上两种观测方式是人为改变了环境温度,在应用中第二种情况几乎不会出现,但两次实验过程的确出现了不同的现象。哪一种类型(第一次双手相当于差分,第二次单手相当于单级)的放大电路在环境温度变化时,输出电压变化更明显?哪种电路对温度的适应性能更差?为什么?

差分放大电路具有良好的温度变化适应能力,在模拟运放(集成电路)中,输入级都采用该电路形式，以保证放大电路的基本性能。

六、实验数据记录与分析

1.电路的静态参数(见表 2.4.2)

表 2.4.2　静态参数测量

名称	U_{C1}	U_{C2}	U_{E1}	U_{E2}	U_0(U_{C1}对 U_{C2})
长尾/V					
恒流源/V					
恒流管 V_{T3}/V	U_B	U_C	U_E	/	/
				/	/

2.差模电压放大倍数(见表 2.4.3)

表 2.4.3　差模输入动态参数测量与计算

输入信号(1 kHz)	差模输入					
	测量值/V			计算值		
	U_{o1}	U_{o2}	U_o	A_{od1}	A_{od2}	A_{od}(双端)
U_{id} = 300 mV(有效值)(双端输入)						
U_{id} = 300 mV(有效值)(单端输入)						

3.共模电压放大倍数(见表 2.4.4)

表 2.4.4　共模输入动态参数测量与计算

输入信号(1 kHz)	共模输入					
	测量值/V			计算值		
	U_{o1}	U_{o2}	U_o	A_{oc1}	A_{oc2}	A_{oc}(双端)
U_{ic} = 300 mV(有效值)[单端输入(长尾)]						
U_{ic} = 300 mV(有效值)[单端输入(恒流源)]						

七、撰写实验报告

(1)认真填写“实验名称”“班级”“姓名”“学号”“实验日期”“同组人”等实验信息。

(2)通过预习，在实验报告上完成“实验目的”“实验原理及实验电路”“实验步骤”内容的整理和书写。

(3)认真、真实地整理并记录实验数据。

(4)根据实验数据对实验进行总结,并写出对本次实验的心得体会及建议。

2.5 负反馈放大电路

一、实验目的

(1)进一步熟悉放大电路静态工作点的调试方法;

(2)理解阻容耦合放大电路的特点;

(3)掌握负反馈对放大电路性能的影响;

(4)掌握实验测量多级放大电路电压放大倍数:电路输入、输出电阻的方法。

二、实验电路

实验原理电路如图 2.5.1 所示。

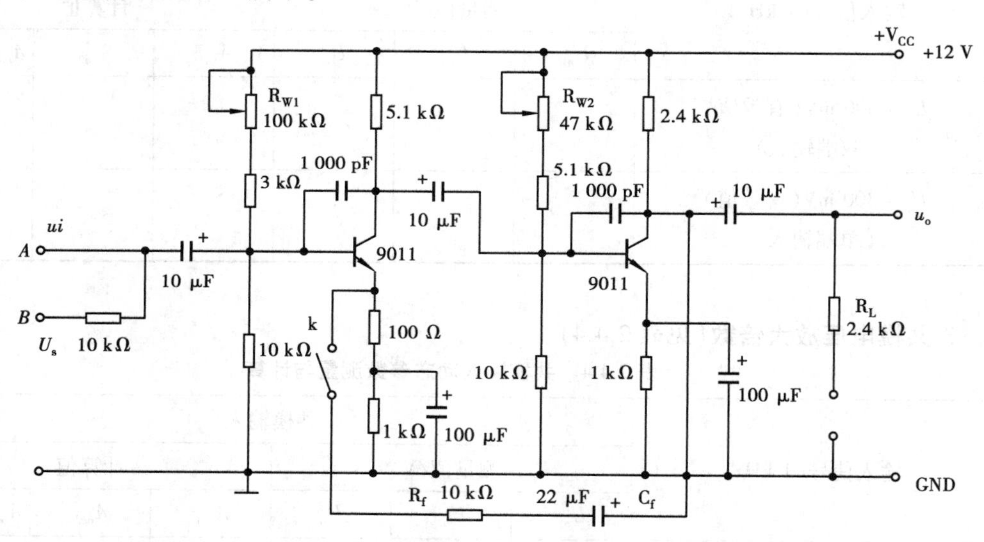

图 2.5.1 负反馈放大电路

三、实验原理

1.阻容耦合电路的特点

实验电路为两级阻容耦合共射极放大电路。

阻容耦合是指放大电路各级之间通过电容连接的一种方式,其电路具有各单级电路静态工作点独立、互不影响、体积小、质量小等优点。但电容对交流信号具有一定的容抗,使输入信号有一定的衰减,尤其是对频率很小的信号容抗更大,因此该耦合方式不适用于传输直流信号和频率很低的交流信号。

多级放大电路虽因耦合电容的存在会使传输信号有所衰减，但多级放大电路的放大倍数是各级放大倍数的乘积，它能够实现所需要的信号放大要求。

多级放大电路的电压放大倍数为

$$A_u = A_{u1} \cdot A_{u2} \cdots = \frac{u_o}{u_i}$$

2.负反馈对放大电路性能的影响

在电路中，将输出量的一部分或全部返回到放大电路的输入端，称为电路的反馈。负反馈是电路的输出端返回输入端的信号使净输入量减弱的反馈。负反馈对电路性能的影响：减少输出信号的非线性失真，改变输入、输出电阻，稳定放大器的放大倍数，扩展通频带等。

3.工作原理

该电路是由两个分压式偏置共射极放大电路经电容耦合而成的两级放大电路，在开关"K"合上后，输出端的输出信号电压经 C_F，R_F的反馈支路回馈到电路的输入端，构成了从整个放大电路输出端到输入端的一个交流电压串联负反馈放大电路。该电路可实现稳定输出电压、减小输出电阻、增大输入电阻等电路性能的改善。

四、实验设备

实验设备见表2.5.1。

表2.5.1

序　号	名　称	型号与规格	数　量	备　注
1	双踪示波器	GDS-1072B	1	
2	任意波形信号发生器	AFG-2225	1	
3	直流稳压电源	FDP-3303C	1	
4	数字万用表	UT890D	1	
5	模拟电路实验板		1	

五、实验内容

1.实验预习内容及思考题

(1)预习多级放大电路的相关知识以及负反馈电路对放大电路性能的影响。

(2)预习阻容耦合放大电路各级静态工作点的估算以及单级放大电路静态工作点的调试方法。

(3)找出图2.5.1电路中所有反馈电路，判断反馈类型，说明其在电路中的作用。

(4)用实验测量数据推导电路输入电阻 r_i 和输出电阻 r_o 的求解公式。

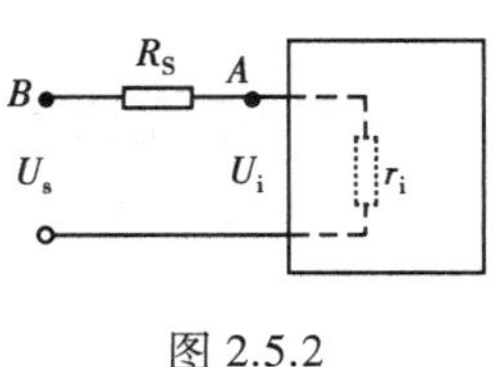

图2.5.2

求输入电阻 r_i 时，由实验可测得输入端电压有效值 U_s 和 U_i，R_S 为电路已知参数。电路如图2.5.2所示。

求输出电阻 r_o 时，由实验可测得输出端电压有效值 U_o 和 U_{oL}，R_L 为电路已知参数。电路如图 2.5.3 所示。

注：（3）（4）两部分内容要写在实验报告上，预习时完成。

2.实验准备

（1）按原理电路图 2.5.1 在实验电路板上接好实验电路，选择示波器的 CH1 和 CH2 两个通道，分别接在电路的输入端和输出端。

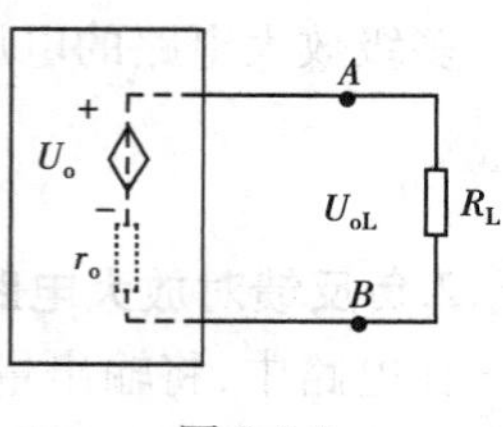

图 2.5.3

（2）确认实验电路正确连接后，将直流稳压电源电压调至+12 V，接入实验电路直流电源输入端，直流电源负极接实验电路公共端。

（3）调节信号发生器，使输出一个“1 kHz，2 mV（有效值）”正弦交流信号，暂不接入实验电路。

3.实验操作

（1）将开关 K 断开，按实验 2.2 表 2.2.4 中所测得的单管共射放大电路的最佳静态工作点参数，设定第一级和第二级电路的静态工作点。其操作是在静态条件下分别调 R_{W1}，R_{W2}，用万用表直流电压挡监测。

（2）在输入端 A 点接入调节好的“1 kHz，2 mV（有效值）”正弦交流信号，信号源负极接电路公共端。综合调节电位器 R_{W1} 和 R_{W2}（注：一次调节的幅度不宜过大，应缓慢调节），使电路输出的信号电压波形在示波器上显示为峰峰值最大且无失真。

（3）停止调节电位器 R_{W1} 和 R_{W2}。为保证实验得到的参数具有可比性，电位器 R_{W1} 和 R_{W2} 在本次实验后续所有数据测量过程中都不得调整，一直到本次实验测量结束。

六、实验数据记录与分析

1.静态工作点测量

断开输入信号。①保持 K 断开，用万用表直流电压 60 V 挡读取最佳静态工作点的参数，并填入表 2.5.2 第一行。②闭合 K，用万用表直流电压 60 V 挡，读取最佳静态工作点的参数，并填入表 2.5.2 第二行。

表 2.5.2　静态参数测量

测量条件	静态参数/V					
	V_{b1}	V_{e1}	V_{c1}	V_{b2}	V_{e2}	V_{c2}
无反馈						
有反馈						

2.电路电压放大倍数测量

在输入端 A 点与电路公共端之间接入已调节好的“1 kHz，2 mV（有效值）”正弦交流信号。

（1）断开 K。首先负载 R_L 开路（即放大电路空载），用交流毫伏表或示波器测量放大电路输出端输出电压 U_o，记入表 2.5.3 相应位置；再接入负载 R_L，同样测量 U_{oL}，记入表 2.5.3 相应位置。

（2）闭合 K。重复（1）的操作，分别将测量的 U_o，U_{oL} 记入表 2.5.3 相应位置。

表 2.5.3　动态参数测量与计算

		实验测量值/V		计算值	
交流参数 测试条件	U_i /mV	U_o	U_{oL}	A_u(空载)	A_{uL}(带载)
无负反馈	2				
有负反馈	2				

3.电路输入、输出电阻测量

将输入信号的 1 kHz,2 mV 正弦交流信号接在输入端 B 点与电路公共端之间。示波器的另一通道接在 A 点和公共端之间。

(1)调节信号源输出信号(此时记为 U_s),使电路输入端 $U_A=2$ mV。此时可测得电路在无载、有载,无反馈、有反馈时的输出电压值,其值与表 2.5.3 中的值一致。该步骤的重点是测量此时对应的 U_s,并记入表 2.5.4。

(2)计算电路的输入电阻 r_i 和输出电阻 r_o。

表 2.5.4　输入电阻与输出电阻测量

		实验测量值			计算值	
交流参数 测试条件	U_i/mV	U_s/mV	U_o/V	U_{oL}/V	r_i/kΩ	r_o/kΩ
无负反馈	2					
有负反馈	2					

七、撰写实验报告

(1)认真填写“实验名称”“班级”“姓名”“学号”“实验日期”“同组人”等实验信息。

(2)通过预习,在实验报告上完成“实验目的”“实验原理及实验电路”“实验步骤”内容的整理和书写。

(3)认真、真实地整理并记录实验数据。

(4)根据实验数据对实验进行总结,并写出对本次实验的心得体会及建议。

2.6　集成运算放大器应用(一)

一、实验目的

(1)了解集成运算放大器的管脚识别方法;

(2)理解集成运算放大器的特点;

(3)掌握集成运算放大器在比例运算和加、减运算方面的应用。

二、实验原理

1.集成运算放大器的基本知识

集成运算放大器是由多级电路直接耦合的具有高增益的放大电路，通过外接不同的反馈电路可构成集成运算放大器的线性或非线性应用电路。

1)集成运算放大器的外形及符号

常见的集成运算放大器主要有金属外壳、陶瓷外壳和塑料外壳3种，金属外壳的为圆形，陶瓷外壳和塑料外壳的为扁平形。图2.6.1是集成运算放大器的外形图。它的管脚排列有一定的规律。以图2.6.1(a)为例，这是一个双列直插式集成运算放大器，它的管脚识别规则是从外壳顶部向下看，管脚号按逆时针方向排列，其中第一脚附近往往有参考标记。

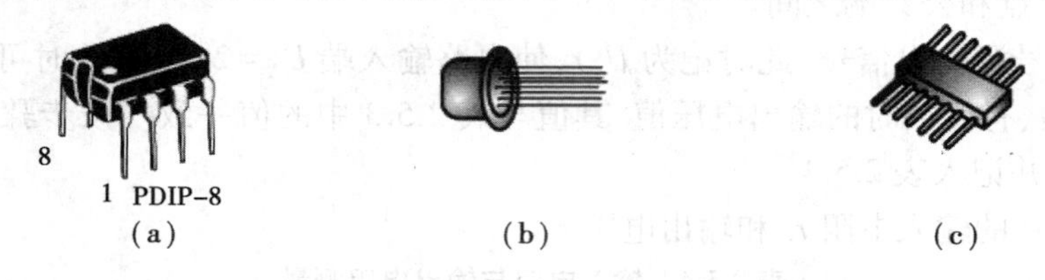

图2.6.1　集成运算放大器的外形

集成运算放大器的电路符号如图2.6.2所示。

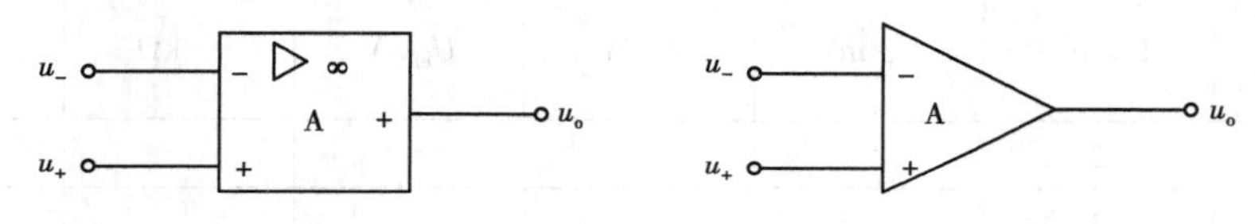

图2.6.2　集成运算放大器的符号

2)μA741，NE5532集成运算放大器

该类型号运算放大器是最常用的集成运算放大器，在一些常用电器设备中都能见到。这类集成运算放大器价格便宜、质量可靠、一致性好，能满足一般电器设备的技术要求。

μA741型集成运算放大器内部只有一组放大电路，称为单运放。NE5532型集成运算放大器内部有两组放大电路，称为双运放。这两种集成运算放大器外形一致，都有8个引脚。本次实验选用μA741型集成运算放大器。

μA741型集成运算放大器封装图如图2.6.3所示。

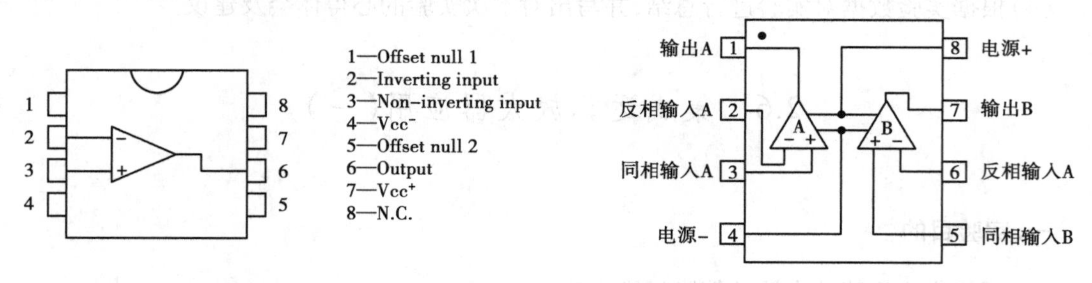

图2.6.3　μA741型集成运算放大器　　图2.6.4　NE5532型集成运算放大器

μA741芯片引脚说明：1和5偏置(调零端)，2反相输入端，3同相输入端，4负电源，6输出端，7正电源，8空脚。

μA741 型集成运算放大器的同类产品很多，标称也不尽相同，代换时可查阅手册。

NE5532 型集成运算放大器的封装外形图、内部结构图及引脚标注如图 2.6.4 所示。

2. 集成运算放大器线性应用——比例、差分比例运算电路

1）比例运算电路（图 2.6.5）

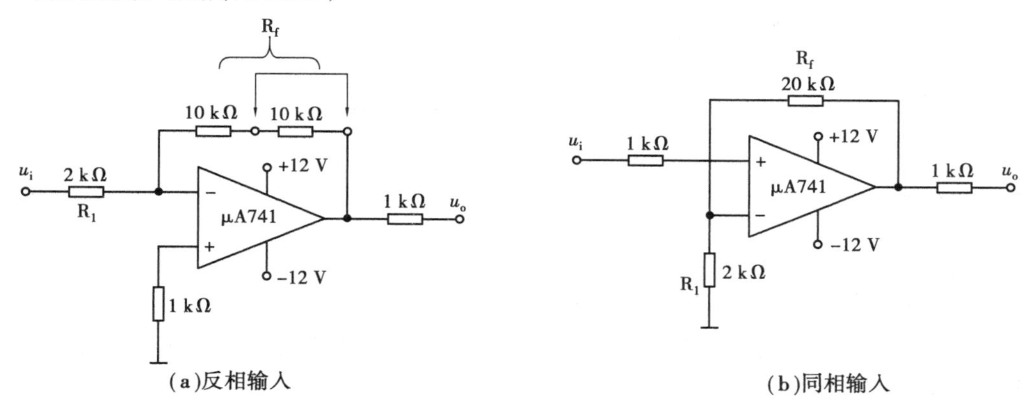

图 2.6.5　比例运算电路

图 2.6.5 所示为比例运算电路，其反相输入比例运算电路的电路增益为

$$A_u = -\frac{R_f}{R_1}$$

同相输入比例运算电路的电路增益为

$$A_u = 1 + \frac{R_f}{R_1}$$

2）差分比例运算电路

图 2.6.6 所示为差分比例运算电路，其输出与输入的函数关系为

$$u_o = -\frac{R_f}{R_1}u_{i1} + \left(1 + \frac{R_f}{R_1}\right)\frac{R_3}{R_2 + R_3}u_{i2}$$

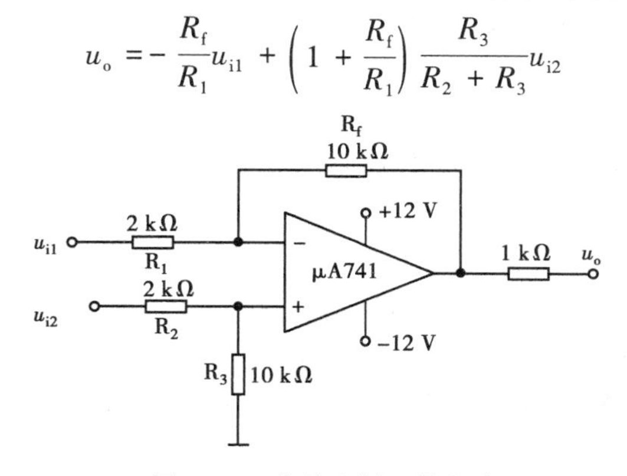

图 2.6.6　差分比例运算电路

三、实验设备

实验设备见表 2.6.1。

表 2.6.1

序　号	名　称	型号与规格	数　量	备　注
1	双踪示波器	GDS-1072B	1	
2	任意波形信号发生器	AFG-2225	1	
3	直流稳压电源	FDP-3303C	1	
4	数字万用表	UT890D	1	
5	模拟电路实验板		1	

四、实验内容

1.实验预习内容及思考题

(1)复习关于集成运算放大器的基本知识。

(2)查阅集成电路主要性能指标的意义:电源供电 U_{CC},开环电压增益 A_{vd},共模增益 A_{vc},差模输入电阻 R_{ID},最大输出电流 I_{om},输入失调电压。

(3)用集成运算放大器“虚短”“虚断”的概念推导图 2.6.5 电路的电压增益(电压放大倍数)公式,并用电路中的参数计算各电路的电压增益(电压放大倍数)。

(4)用集成运算放大器“虚短”“虚断”的概念推导图 2.6.7 电路的输出与输入之间的函数表达式。

(5)用给定的元器件自行设计 $u_o=-(5u_{i1}+2u_{i2})$ 的加法运算电路(设计电路、设计实验数据和数据记录表格)。(选做)

注:(3)、(4)的内容要写在实验报告上,预习时完成。

2.实验准备

(1)直流稳压电源选两路电源“串联”使用功能。调节输出,使直流稳压电源两路都输出电压 12 V。然后将两路电源连接成±12 V 双电源工作方式。用万用表直流电压 60 V 挡,测量电源输出确定为±12 V。

(2)双踪示波器两个通道分别接在输入端和输出端。

(3)信号源调节为“1 kHz,300 mV(有效值)”正弦波。

3.实验操作

1)反相输入比例运算

(1)按图 2.6.5(a)在实验电路板上接好实验电路。

(2)将“1 kHz,300 mV”正弦信号接入实验电路。

(3)按表 2.6.2 的设计数据进行实验,用示波器测量数据,并记入表 2.6.2 中。

2)同相输入比例运算

(1)按图 2.6.5(b)在实验电路板上接好实验电路。

(2)将“1 kHz,300 mV”正弦信号接入实验电路,在示波器上观察输出与输入信号大小、相位间的关系。

(3)按表 2.6.3 的数据进行实验,用示波器测量数据,并记入表 2.6.3 中。

3)差分比例运算

(1)按图 2.6.7 在实验电路板上接好实验电路。

(2)将“1 kHz,300 mV”正弦信号接入实验电路。

(3)按表 2.6.4 的数据进行实验,用示波器测量数据,并记入表 2.6.4 中。

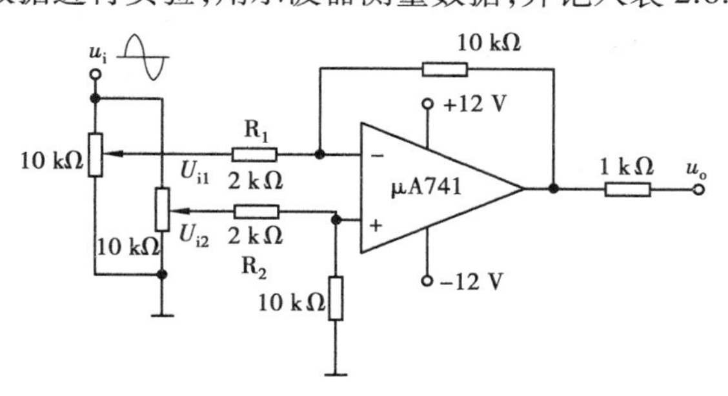

图 2.6.7　差分比例运算实验电路

4.设计实验内容(选做)

设计任意两个信号的加法运算实验,并对结果进行理论分析(设计内容包括实验电路、电路参数、数据记录表格)。

五、实验数据记录与分析

1.反相输入比例运算

表 2.6.2　反相输入比例运算电路参数测量

$R_f=10\ \mathrm{k\Omega}, R_1=2\ \mathrm{k\Omega}$		
U_i/V	300 mV(有效值)	600 mV(有效值)
U_o/V		
A_u实验值		
A_u理论计算值		
$R_f=20\ \mathrm{k\Omega}, R_1=2\ \mathrm{k\Omega}$		
U_i/V	300 mV(有效值)	600 mV(有效值)
U_o/V		
A_u实验值		
A_u理论计算值		

2.同相输入比例运算

表 2.6.3　同相输入比例运算电路参数测量

$R_f=20\ \mathrm{k\Omega}, R_1=2\ \mathrm{k\Omega}$		
U_i/V	300 mV(有效值)	600 mV(有效值)
U_o/V		
A_u实验值		
A_u理论计算值		
$R_f=0$(输入到输出间短路),$R_1=2\ \mathrm{k\Omega}$ 或 $R_1=\infty$		
U_i/V	300 mV(有效值)	600 mV(有效值)
U_o/V		
A_u实验值		
A_u理论计算值		

3.差分比例运算

表 2.6.4　差分比例运算电路参数测量

$R_f = 10\ k\Omega, R_1 = 2\ k\Omega, R_2 = 2\ k\Omega, R_3 = 10\ k\Omega$		
U_{i1}/V	100 mV(有效值)	200 mV(有效值)
U_{i2}/V	200 mV(有效值)	300 mV(有效值)
U_o/V 实验值		
U_o/V 理论计算值		

六、撰写实验报告

(1)认真填写“实验名称”“班级”“姓名”“学号”“实验日期”“同组人”等实验信息。

(2)通过预习,在实验报告上完成“实验目的”“实验原理及实验电路”“实验步骤”内容的整理和书写。

(3)认真、真实地整理并记录实验数据。

(4)根据实验数据对实验进行总结,并写出对本次实验的心得体会及建议。

2.7　集成运算放大器应用(二)

一、实验目的

(1)进一步熟悉集成运算放大器的应用;

(2)理解集成运算非线性应用的条件和实现的方法;

(3)掌握比较器传输特性曲线的测试方法及其在波形变换方面的应用。

二、实验原理

集成运算放大器的理想化条件:开环电压增益 $A_u = \infty$,输入阻抗 $r_i = \infty$,输出电阻 $r_o = \infty$,没有失调,没有失调温漂,共模抑制比无穷大等。

大多数情况下,可将集成运算放大器视为理想的。因集成运算放大器的开环放大倍数非常大,所以在集成运算放大器开环或正反馈条件下,任一微小的输入信号就能使集成运算放大器进入非线性区域(正饱和区或负饱和区),实现它的非线性应用。电压比较器是集成运算放大器的非线性应用之一。

电压比较器用来比较两个输入电压的大小,据此决定输出是高电平 $U_{oH}(+U_{om})$ 还是低电平 $U_{oL}(-U_{om})$。电压比较器分为单门限电压比较器和滞回电压比较器。

1.单门限电压比较器

图 2.7.1(a)、(b)是同相输入单门限电压比较器原理电路和传输特性,其中运算放大器为单电源供电。图 2.7.1(c)、(d)是同相输入单门限电压比较器原理电路和传输特性,其中运算放大器为双电源供电。

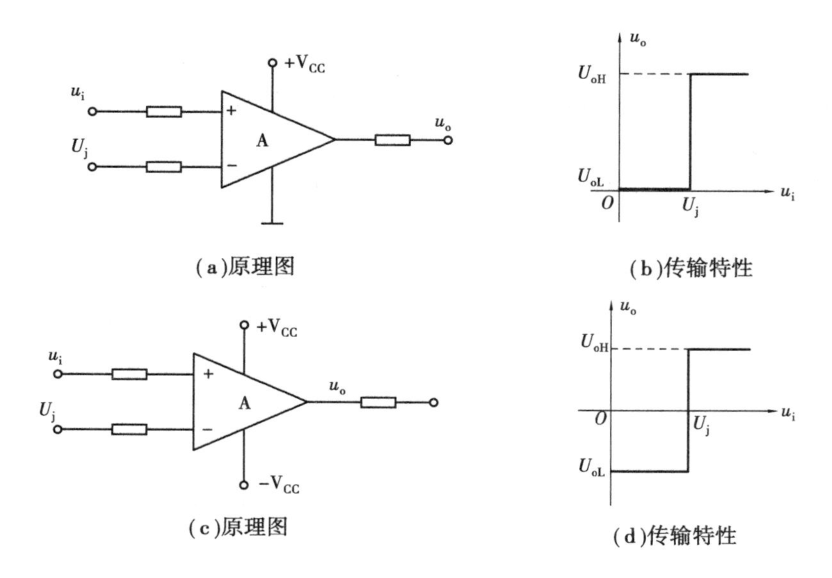

图 2.7.1　同相输入单门限电压比较器

当输入电压 $u_i>U_j$(图中的 U_j 即是教材中的门限电压 U_{REF})时,$u_+>u_-$,输出高电平 U_{oH};当输入电压 $u_i<U_j$ 时,$u_+<u_-$,输出低电平 U_{oL}。$u_i=U_j$ 是输出电平的翻转点。同理,反相输入单门限电压比较器也在输入 $u_i=U_j$ 时实现高、低电平的翻转输出。输出结果与同相输入单门限电压比较器相反。

过零电压比较器也是单门限电压比较器,只是其门限电压 $U_j=0$。其原理图和传输特性如图 2.7.2 和图 2.7.3 所示。

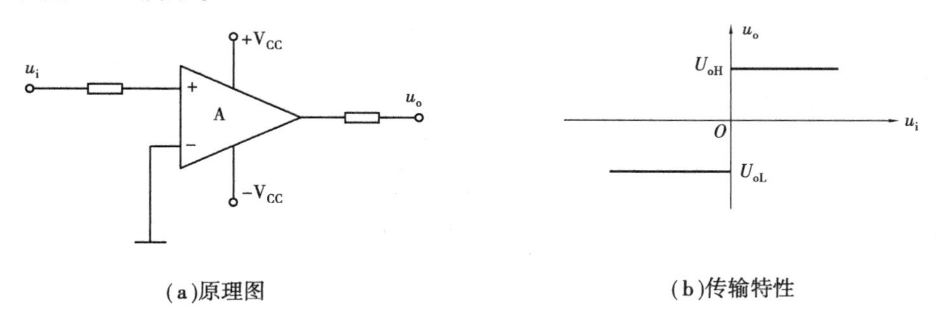

图 2.7.2　同相输入过零电压比较器

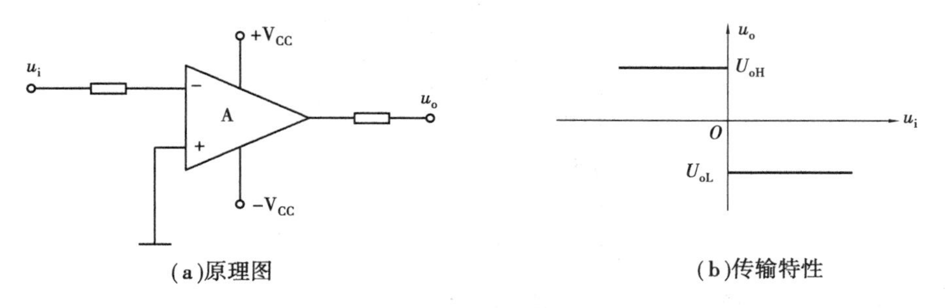

图 2.7.3　反相输入过零电压比较器

2.滞回电压比较器

单门限电压比较器电路简单,灵敏度高,但电路的抗干扰能力差,当电路的输入信号中含有噪声和干扰电压时,容易出现电路的误翻转,从而造成电路故障。为了提高电路的抗干扰能力,可采用滞回比较器。

图 2.7.4 是反相输入滞回电压比较器的原理图和传输特性。

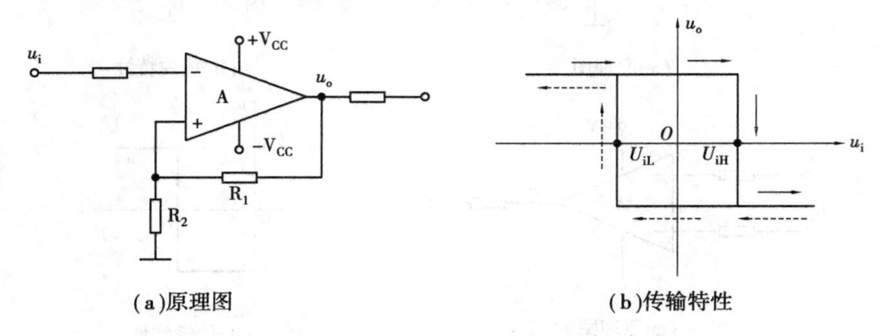

图 2.7.4 滞回电压比较器

滞回电压比较器有两个门限电压,其中:

上门限电压为

$$U_{AH}=\frac{R_2}{R_1+R_2}U_{oH}$$

此为输出电平由高向低的翻转点,U_{oH}为高电平电压。

下门限电压为

$$U_{AL}=-\frac{R_2}{R_1+R_2}U_{oL}$$

此为输出电平由低向高的翻转点,U_{oL}为低电平电压。

回差电压(或门限宽度)为

$$\Delta U_A=U_{AH}-U_{AL}=\frac{R_2}{R_1+R_2}(U_{oH}-U_{oL})$$

若要使输出电平的值达到下级电路的不同要求,可在输出端接入稳压二极管,如图2.7.5所示。

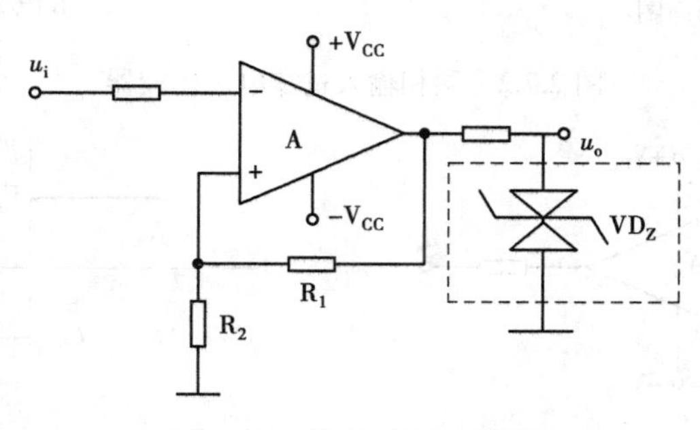

图 2.7.5 滞回电压比较器

3.LM339 四比较器集成芯片、LM393 双比较器集成芯片

LM339 封装图如图 2.7.6 所示。

LM393 封装图如图 2.7.7 所示。

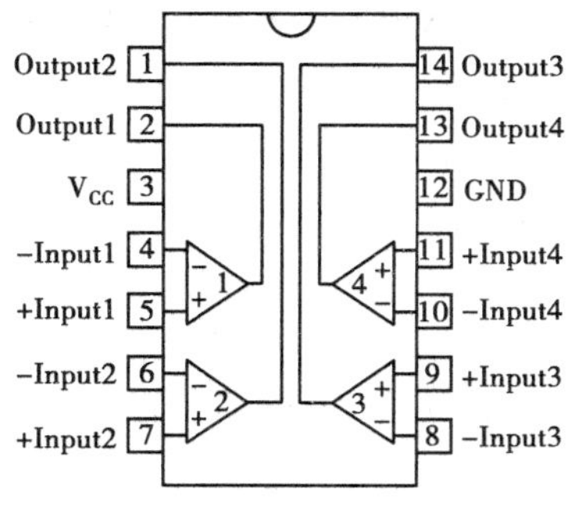

图 2.7.6　LM339 封装图

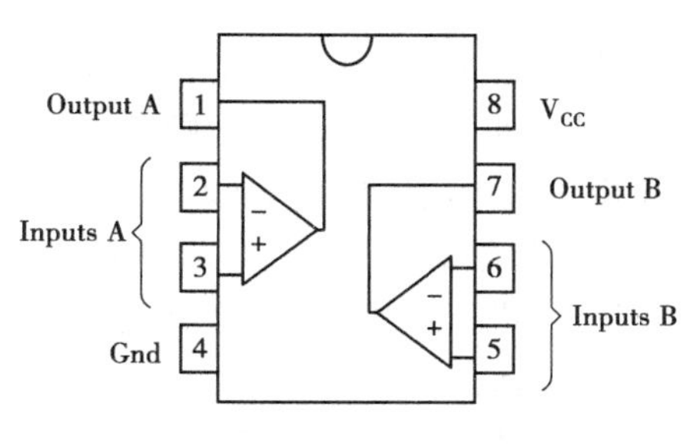

图 2.7.7　LM393 封装图

三、实验设备

实验设备见表 2.7.1。

表 2.7.1

序　号	名　称	型号与规格	数　量	备　注
1	双踪示波器	GDS-1072B	1	
2	任意波形信号发生器	AFG-2225	1	
3	直流稳压电源	FDP-3303C	1	
4	数字万用表	UT890D	1	
5	模拟电路实验板		1	

四、实验内容

1.实验预习内容及思考题

(1)复习教材中关于电压比较器的知识。

(2)画出在理想条件下,门限电压为 3 V 的同相单门限电压比较器和反相单门限电压比较器的传输特性。

(3)当图 2.7.10 所示电路中开关 K 闭合时,电路构成滞回电压比较器。计算该电路在 $R_f = 100\ \text{k}\Omega$、$R_f = 20\ \text{k}\Omega$ 两种阻值条件下的上、下门限电压和回差电压。

(4)反馈电阻 R_f 的阻值与回差电压值呈现怎样的变化关系?

注:(2)(3)的内容要写在实验报告上,预习时完成。

2.实验准备

(1)调节直流电源,使直流电压输出为 12 V。

(2)双踪示波器两个通道分别接在输入端和输出端。

(3)信号源信号调节为“1 kHz,0.3 V”正弦信号。

3.实验操作

本次实验选用四比较器 LM339。LM339 与之前的 μA741 和 NE5532 不同,它的符号与运算放大器一样,但它不是运算放大器,是专用比较器。芯片可以单电源、双电源工作。在连接实验电路时,注意电源的极性,禁止反极性供电。如果使用单电源,则正电源端接+12 V,负电源端接公共端;如果选择双电源,则两个电源要接成±12 V 双电源工作方式。

1)同相输入单门限电压比较器

实验电路如图 2.7.8 所示。图中 R_L 为输出端上拉电阻。电位器 R_1 可对基准电压(门限电压)U_j(U_{REF})进行设置,即电路可设置不同的门限电压值。电位器 R_2 可调节输入信号(直流输入)U_i 的幅值。

(1)按图 2.7.8 在模拟电路实验板上接好实验电路。

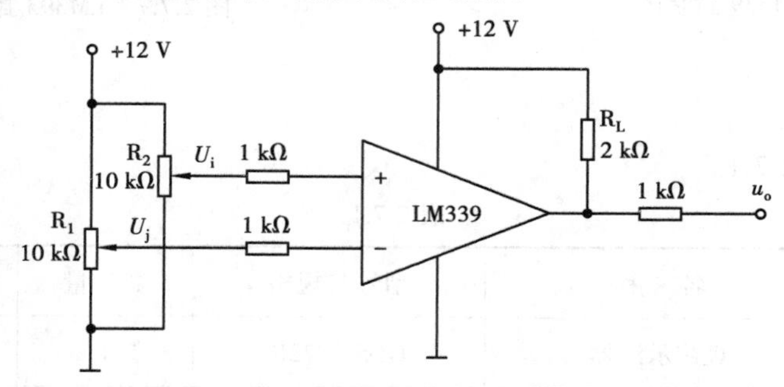

图 2.7.8　同相输入单门限电压比较器

(2)设置直流稳压电源为 12 V 输出,正确连接 LM339 电源供电(注意电源的接入极性)。电位器 R_2 调到底端,使输入 $u_i=0$。

(3)按表 2.7.2 中的步骤进行实验。

表 2.7.2　同相输入单门限电压比较器传输特性测试

测试条件	测试项目			
	U_{oL}	U_{oH}	U_{ij}	传输特性曲线
①调节电位器 R_1,设置门限电压 $U_j=3$ V; ②输出端连接电压表,观察 U_o 的变化; ③调节电位器 R_2,使 U_i 电压值从 0~5 V 缓慢增加和从 5~0 V 缓慢减小; ④记录输出电压 U_{oL},U_{oH} 值以及 U_o 跳变瞬间对应的输入电压 U_{ij} 值				U_o O　U_i

(4)断开电位器 R_2,在同相输入端,从信号源输入“1 kHz,5 V”正弦波。示波器两路通道分别接在电路的输入端和输出端,观察输入、输出波形。将输入、输出波形记于表 2.7.3 的坐标中,准确标出输入、输出电压的峰值和信号的周期。

表 2.7.3　矩形波电路验证

输入电压波形 / 输出电压波形
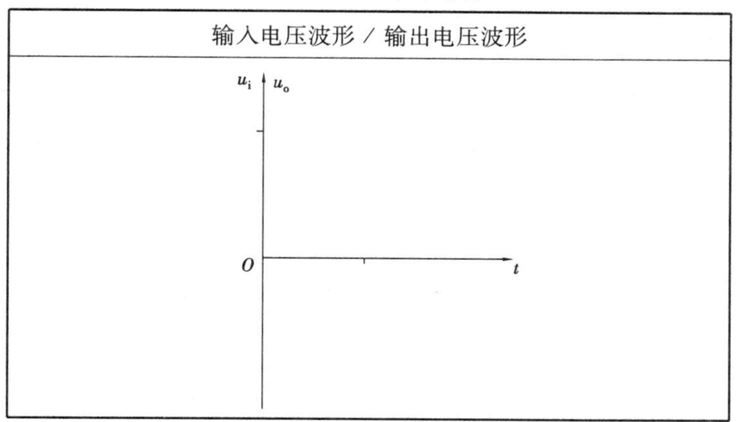

2)同相过零电压比较器

实验电路如图 2.7.9 所示。过零电压比较器实际是门限电压 $U_j=0$ 的单门限电压比较器。

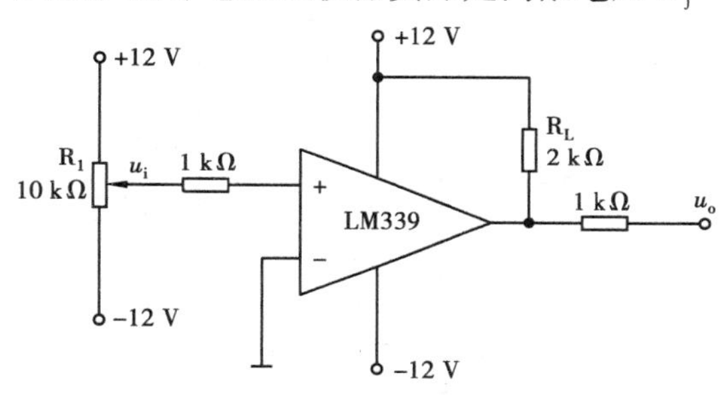

图 2.7.9　同相输入过零电压比较器

(1)按图 2.7.9 连接电路。

(2)依表 2.7.4 中的步骤进行实验。

表 2.7.4　同相输入过零电压比较器传输特性测试

测试条件	测试项目			
	U_{oL}	U_{oH}	U_{ij}	传输特性曲线
①输入直流信号; ②输出端连接电压表,观察 U_o 变化; ③调节电位器 R_2,使输入电压 U_i 值在 0 V 左右缓慢变化,仔细观察输出电压 U_o; ④记录输出电压 U_{oL},U_{oH} 以及 U_o 跳变瞬间对应的输入电压 U_i				u_o O　u_i

(3)断开 R_1,依表 2.7.5 中的输入要求,调节信号源为"$f=1$ kHz,$U_i=1$ V(幅值)"正弦信号,从电路的同相输入端输入,在示波器上观察输入、输出波形的变化,并将观察到的输入、输出波形记入表 2.7.5 中;再次调节信号源,使信号源输出信号为"$f=1$ kHz,$U_i=3$ V(幅值)"正

弦信号，从电路的同相输入端输入，在示波器上观察输入、输出波形的变化，并将观察到的输入、输出波形记入表 2.7.5 中。

表 2.7.5　方波电路验证

<table>
<tr><td rowspan="2">测试条件</td><td colspan="2">测试项目</td></tr>
<tr><td>$f=1$ kHz，$U_i=1$ V（幅值）</td><td>$f=1$ kHz，$U_i=3$ V（幅值）</td></tr>
<tr><td>在同一坐标系中绘制输入、输出波形图，标注幅值</td><td>$u_i(u_o)$
O　　t</td><td>$u_i(u_o)$
O　　t</td></tr>
</table>

3）反相输入过零电压比较器

实验电路如图 2.7.10 所示。

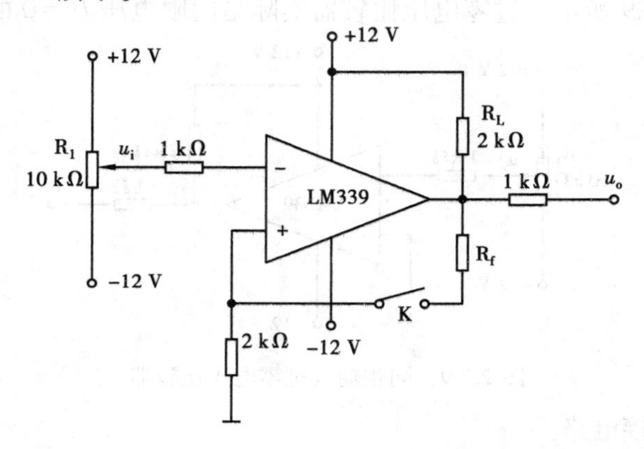

图 2.7.10　反相输入过零电压比较器

（1）按图 2.7.10 连接电路，开关 K 断开。

（2）按照表 2.7.6 中的步骤进行实验，测试反相输入过零比较器的传输特性。

表 2.7.6　反相输入过零电压比较器传输特性测试

<table>
<tr><td rowspan="2">测试条件</td><td colspan="4">测试项目</td></tr>
<tr><td>U_{oL}</td><td>U_{oH}</td><td>U_{ij}</td><td>传输特性图</td></tr>
<tr><td>①断开开关 K；
①输入直流信号；
③输出端连接电压表；
④调节电位器 R_1，使输入电压 U_i 值在 0 V左右缓慢变化，仔细观察输出电压 U_o；
⑤记录输出电压 U_{oL}，U_{oH} 以及 U_o 跳变瞬间对应的输入电压 U_{ij}</td><td></td><td></td><td></td><td>u_o
O　　u_i</td></tr>
</table>

4）滞回电压比较器

实验电路如图 2.7.10 所示。将电路中的开关 K 闭合，构成滞回电压比较器。

（1）按图 2.7.10 连接电路，开关 K 闭合。

（2）按照表 2.7.7 中的步骤进行实验，测试滞回电压比较器的传输特性，并根据实验获得的数据在表 2.7.7 中相应位置绘制出电路的传输特性曲线。

电路的上门限电压 U_{AH}、下门限电压 U_{AL} 和回差电压 ΔU_A，在预习实验③中已经完成。把计算值填入表 2.7.8 的相应位置。

注：实验时，当输入电压值接近上、下门限电压时，操作慢一点，注意观察输出波形的变化。

表 2.7.7　滞回电压比较器传输特性测试

测试条件	测试项目	
	$R_f = 100\ \text{k}\Omega$ 传输特性图	$R_f = 20\ \text{k}\Omega$ 传输特性图
①接通开关 K； ②输入直流信号； ③输出端连接电压表； ④调节电位器 R_1，使输入电压 U_i 值在0 V左右缓慢变化，仔细观察输出电压 U_o 的变化，标注 U_{AL}，U_{AH} 值	u_o　u_i　U_{AL}　O　U_{AH}	u_o　u_i　U_{AL}　O　U_{AH}

表 2.7.8　反馈电阻 R_f 的阻值与回差电压值呈现的变化关系

	理论计算值/V			实验测量值/V		
$R_f/\text{k}\Omega$	下门限电压 U_{AL}	上门限电压 U_{AH}	回差电压 ΔU_A	下门限电压 U_{AL}	上门限电压 U_{AH}	回差电压 ΔU_A
100						
20						

五、撰写实验报告

（1）认真填写“实验名称”“班级”“姓名”“学号”“实验日期”“同组人”等实验信息。

（2）通过预习，在实验报告上完成“实验目的”“实验原理及实验电路”“实验步骤”内容的整理和书写。

（3）认真、真实地整理并记录实验数据。

（4）根据实验数据对实验进行总结，并写出对本次实验的心得体会及建议。

2.8 集成电路 RC 正弦波振荡器

一、实验目的

(1)进一步熟悉集成运算放大器的应用;
(2)理解振荡电路产生正弦波振荡的条件;
(3)掌握 RC 串、并联网络(又称文氏电桥式)正弦波振荡器的工作原理。

二、实验电路

1.RC 正弦波振荡原理电路

RC 正弦波振荡原理电路如图 2.8.1 所示。

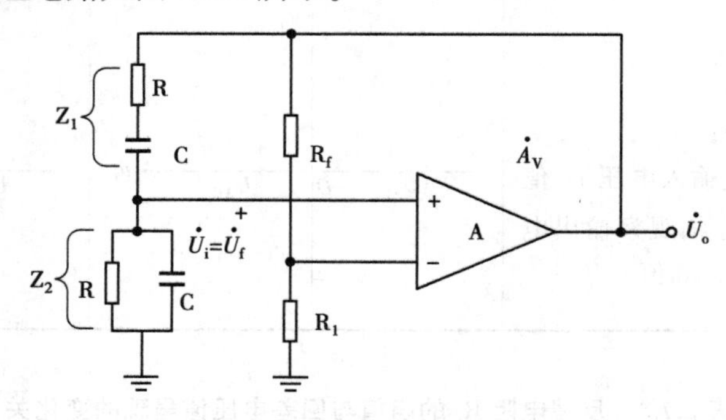

图 2.8.1 原理电路

2.RC 正弦波振荡实验电路

RC 正弦波振荡实验电路如图 2.8.2 所示。

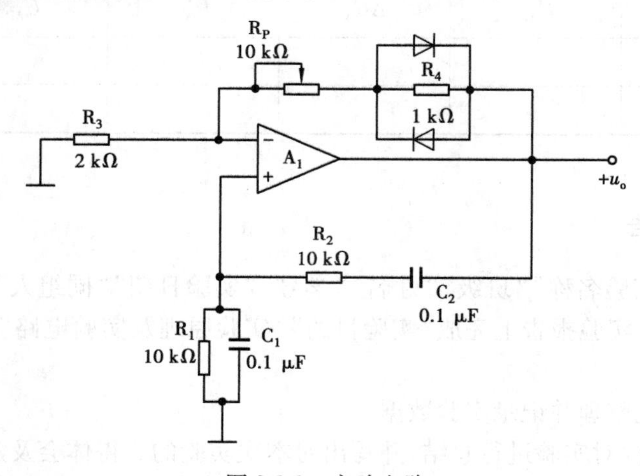

图 2.8.2 实验电路

三、电路工作原理

如图2.8.1所示电路由两部分组成，即放大电路 $\dot{A}_u$ 和选频网络 $\dot{F}_u$。由图分析可得，电路中的 Z_1，Z_2 和 R_1，R_f 构成一个桥式结构，这种电路又称为文氏电桥振荡电路。

该电路在 $\omega=\omega_0=\frac{1}{RC}$ 时，输出信号经反馈网络传输到运算放大器同相端的反馈信号 $\dot{U}_f$ 与输入信号 $\dot{U}_i$ 同相，满足相位平衡条件，因而有可能振荡，电路的起振条件是 $|\dot{A}\dot{F}|>1$。

当电路满足相关的条件时就能够起振，但要实现电路的稳幅振荡，就要使电路的 $\frac{R_f}{R_1}$ 能随输出电压幅度增大而减小，随输出电压幅度减小而增大。实际电路可用一个具有负温度系数的热敏电阻代替 R_f，可采用电位器或二极管作 R_f，如图2.8.2所示。

电路中集成运算放大器接成同相比例放大电路，它的输出阻抗可视为零，可忽略不计，而输入阻抗比RC串并联网络的阻抗大得多。因此，振荡频率即为RC串并联网络的 $f=f_0=\frac{1}{2\pi RC}$。RC串并联网络构成正弦振荡电路的正反馈，在 $\omega=\omega_0$ 处，正反馈系数 $F_+=F_V=\frac{1}{3}$，而 R_1 和 R_f 构成电路中的负反馈，反馈系数 $F_-=\frac{R_1}{R_1+R_f}=\frac{1}{A_V}$。$F_+$ 与 F_- 的关系不同，可使输出波形不同。

四、实验设备

实验设备见表2.8.1。

表2.8.1

序　号	名　称	型号与规格	数　量	备　注
1	双踪示波器	GDS-1072B	1	
2	直流稳压电源	FDP-3303C	1	
3	低频信号源	AFG-2225	1	
4	频率计	DF2173B	1	
5	数字万用表	UT890D	1	
6	集成运算放大器	μA741 或 LM324	1	
7	电阻	10 kΩ 2 kΩ 1 kΩ	2 1 1	
8	电容	0.1 μF 0.047 μF	2 1	
9	硅二极管	1N4148	2	
10	电位器	10 kΩ	1	

五、实验内容

1.实验预习内容和思考题

(1)复习教材中关于正弦波振荡电路的知识。

(2)图 2.8.2 所示电路中,调节 R_1 起什么作用? 两个二极管分别起什么作用?

(3)计算如图 2.8.2 所示电路中的振荡频率。

注:(2)(3)两部分内容要写在实验报告上,预习时完成。

2.实验准备

(1)调节两路直流电源,使直流电压输出为 12 V,并接成双电源工作方式。

(2)双踪示波器一个通道接在输出端。

3.实验操作

(1)按图 2.8.2 接好实验电路。特别注意±12 V 直流电源必须按运算放大器要求的方式正确接入电路。

(2)按表 2.8.2 中的内容测试数据。

(3)调节 R_p,观察波形的变化。

(4)断开两只二极管,再调节 R_p,观察波形变化,分析波形变化的原因以及二极管在电路中的作用。

六、实验数据记录与分析

表 2.8.2　数据记录

R_1	C_1	f/Hz	
10 kΩ	0.1 μF	测量值	估算值
10 kΩ	0.047 μF		
20 kΩ	0.1 μF		

七、撰写实验报告

(1)认真填写“实验名称”“班级”“姓名”“学号”“实验日期”“同组人”等实验信息。

(2)通过预习,在实验报告上完成“实验目的”“实验原理及实验电路”“实验步骤”内容的整理和书写。

(3)认真、真实地整理并记录实验数据。

(4)根据实验数据对实验进行总结,并写出对本次实验的心得体会及建议。

2.9　直流稳压电源

一、实验目的

(1)了解直流稳压电源的组成;

(2)掌握整流、滤波电路的工作原理;

(3)掌握硅稳压管稳压电路的工作原理。

二、实验电路

1.桥式整流与电容滤波原理电路

桥式整流与电容滤波原理电路如图 2.9.1 所示。

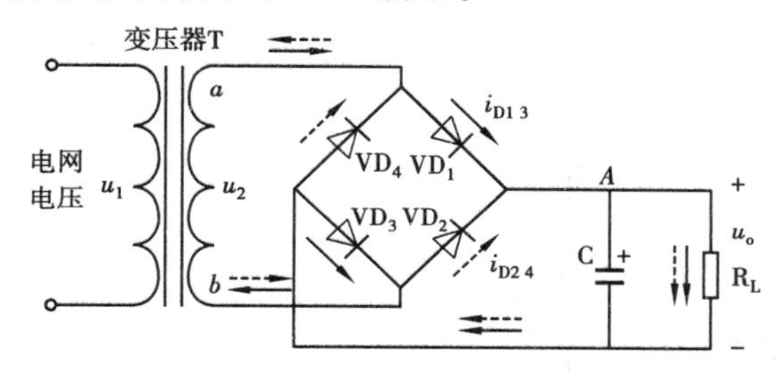

图 2.9.1　桥式整流与电容滤波电路

2.整流电流、电压波形

整流电流、电压波形如图 2.9.2 所示。

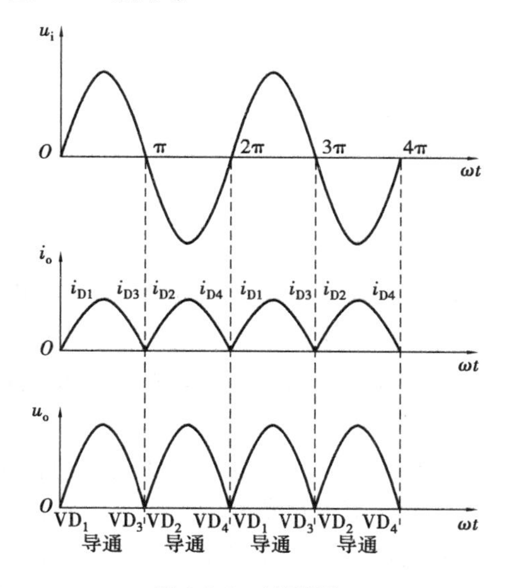

图 2.9.2　波形图 1

3.电容滤波后输出波形

电容滤波后的输出波形如图 2.9.3 所示。

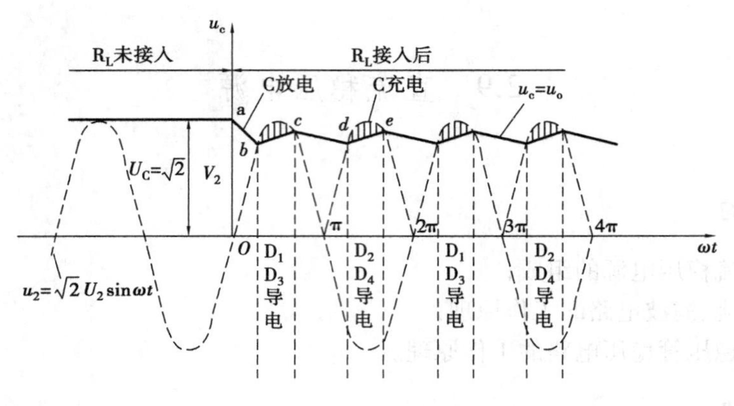

图 2.9.3　波形图 2

4.硅稳压管稳压电路及伏安特性

硅稳压管稳压电路及伏安特性如图 2.9.4 所示。

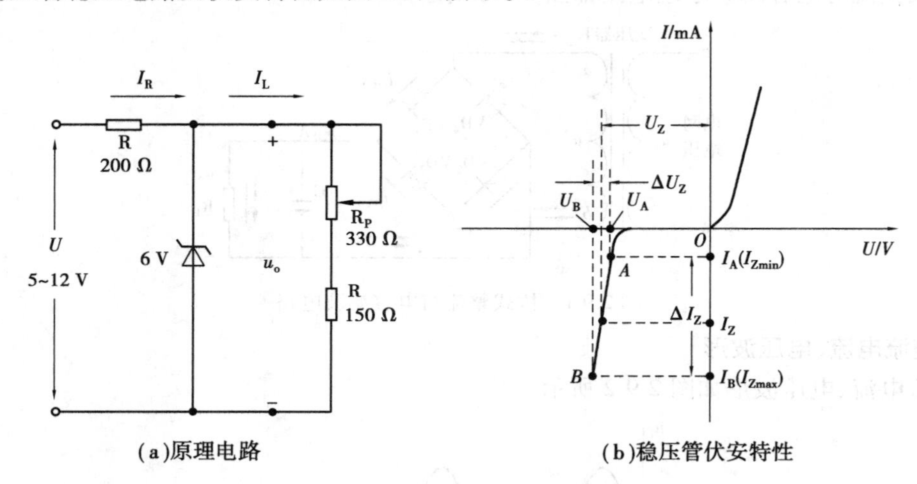

图 2.9.4　硅稳管稳压电路及伏安特性

三、实验原理

1.整流、滤波电路的工作原理

单相桥式整流电路的前级是变压器电路，其电路的作用是将电网电压变为整流电路所需的(14 V,50 Hz)交流电压。第二级是由 4 只二极管连接成的桥式结构，用以实现将交流变为脉动直流。第三级是将电容并接在负载 R_L 两端所构成的滤波电路，能使负载两端的电压变得更加平滑。

桥式整流电压是利用晶体二极管的单向导电性实现交流到直流的变换的。当输入交流为正半周时，VD_1，VD_3 导通，电流自上而下流过负载，产生一上正下负的半波输出电压。输入交流为负半周时，VD_2，VD_4 导通，电流自上而下流过负载，产生一上正下负的半波输出电压。在一个完整周期，负载所获得的输出波形如图 2.9.2 所示。经桥式整流后，电路的输出电压与变压器二次侧的电压 U_2 的关系为 $U_A=0.9U_2$(无电容滤波时)。

但只经桥式整流所获得的直流脉动性非常大，它并不能直接应用于需要直流的电子电路，还需经过滤波等电路。滤波电路有电容滤波电路、电感滤波电路、复式滤波电路等。

将一只大容量电容并联在负载两端，构成电容滤波电路，如图 2.9.1 所示。利用电容的充放电功能，可使由桥式整流所获得的脉动直流变得比较平滑。经电容滤波的波形如图 2.9.3 所示。此时，$U_A \approx 1.2U_2$（并联电容滤波）。

经滤波后的直流虽比较平滑，但与理想的稳恒直流还是有比较大的差别，主要表现在以下两个方面：①当负载发生变化时，二极管的内阻使输出电压随之而发生变化；②当电网电压波动时，变压器与整流滤波电路的输出端电压会随之而变化。为了得到更加稳定的直流，需要在整流、滤波电路的基础上再加上稳压电路。

2.硅稳压管稳压电路的工作原理

稳压二极管的伏安特性

当输入电压保持不变，负载发生变化时，如果 R_L 增大，稳压二极管的工作过程如下：

$$R_L\uparrow \rightarrow U_o\uparrow \rightarrow I_D\uparrow \rightarrow I_R\uparrow \rightarrow U_R\uparrow$$
$$U_o\downarrow \leftarrow U_o\uparrow$$

四、实验设备

实验设备见表 2.9.1。

表 2.9.1

序　号	名　称	型号与规格	数　量	备　注
1	双踪示波器	GDS-1072B	1	
2	任意波形信号发生器	AFG-2225	1	
3	直流稳压电源	FDP-3303C	1	
4	数字万用表	UT890D	1	
5	模拟电路实验板		1	

五、实验内容

1.实验预习内容及思考题

（1）复习稳压二极管的伏安特性，并将其画在实验报告上。

（2）设变压器二次侧的电压为 50 Hz，14 V，按表 2.9.1 的要求，计算如图 2.9.5 所示电路在 K_1，K_2，K_3，K_4 不同状态下的 U_A，U_B 值。

注：（1）（2）的内容要写在实验报告上，预习时完成。

2.实验准备

（1）双踪示波器一个通道接在输出端 B 和公共端之间。

（2）K_1，K_2，K_3，K_4 全部断开。

（3）变压器一次侧接入 220 V，50 Hz 工频交流电。

3.实验操作

1）实验电路

实验电路如图 2.9.5 所示。

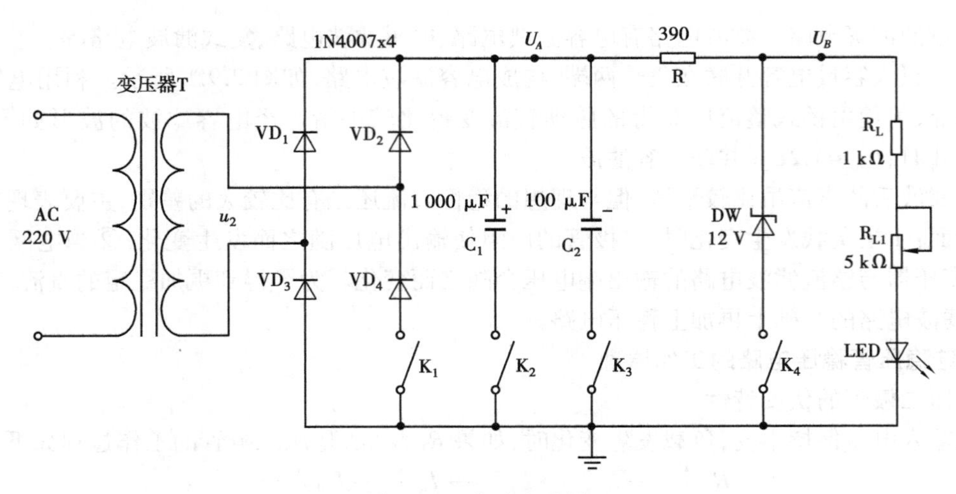

图 2.9.5　实验电路图

2)实验过程

(1)用万用表测变压器二次侧的电压,记入表 2.9.2 中。

(2)按表 2.9.2 的要求,分别对 A,B 两点的电压进行测量,同时用示波器观察输出信号波形,将测量数据和所观察到的波形记入表 2.9.2 中对应位置。

六、数据记录与分析

整流、滤波和稳压二极管稳压电路。

表 2.9.2　数据记录与波形绘制

<table>
<tr><td colspan="2">测量条件 u_2 =　V</td><td colspan="2">直流电压 U</td><td>示波器显示波形</td></tr>
<tr><td colspan="2" rowspan="3">开关 K_1,K_2,K_3,K_4 全部断开,R_L 最大时</td><td colspan="2">A 点电压</td><td rowspan="3"></td></tr>
<tr><td>计算值</td><td>测量值</td></tr>
<tr><td></td><td></td></tr>
<tr><td colspan="2" rowspan="3">开关 K_1 闭合,R_L 最大时</td><td colspan="2">A 点电压</td><td rowspan="3"></td></tr>
<tr><td>计算值</td><td>测量值</td></tr>
<tr><td></td><td></td></tr>
<tr><td colspan="2" rowspan="3">开关 K_1,K_3 闭合,R_L 最大时</td><td colspan="2">A 点电压</td><td rowspan="3"></td></tr>
<tr><td>计算值</td><td>测量值</td></tr>
<tr><td></td><td></td></tr>
<tr><td rowspan="6">开关 K_1,K_2,K_3 闭合</td><td rowspan="3">R_L 最大时</td><td colspan="2">B 点电压</td><td rowspan="6"></td></tr>
<tr><td>计算值</td><td>测量值</td></tr>
<tr><td></td><td></td></tr>
<tr><td rowspan="3">R_L 最小时</td><td colspan="2">B 点电压</td></tr>
<tr><td>计算值</td><td>测量值</td></tr>
<tr><td></td><td></td></tr>
</table>

续表

<table>
<tr><td colspan="2">测量条件 $u_2=$ 　V</td><td colspan="2">直流电压 U</td><td>示波器显示波形</td></tr>
<tr><td rowspan="6">开关 K_1，K_2，K_3，K_4 全部闭合</td><td rowspan="3">R_L 最大时</td><td colspan="2">B 点电压</td><td rowspan="6"></td></tr>
<tr><td>计算值</td><td>测量值</td></tr>
<tr><td></td><td></td></tr>
<tr><td rowspan="3">R_L 最小时</td><td colspan="2">B 点电压</td></tr>
<tr><td>计算值</td><td>测量值</td></tr>
<tr><td></td><td></td></tr>
</table>

七、撰写实验报告

（1）认真填写“实验名称”“班级”“姓名”“学号”“实验日期”“同组人”等实验信息。

（2）通过预习，在实验报告上完成“实验目的”“实验原理及实验电路”“实验步骤”内容的整理和书写。

（3）认真、真实地整理并记录实验数据。

（4）根据实验数据对实验进行总结，并写出对本次实验的心得体会及建议。

2.10　共集电极放大电路

一、实验目的

（1）进一步熟悉基本放大电路静态工作点的调试方法；

（2）理解共集电极放大电路的特点；

（3）掌握共集电极放大电路参数的测试方法。

二、实验电路

实验原理电路如图 2.10.1 所示。

三、实验原理

1.元件选用说明

图 2.10.1 中输出耦合电容选用 0.1 μF，是为了在实验中使低频段容抗增加，从而能够比较清楚地看见低频响应变差。而在实际应用电路中这一只电容通常应选 10 μF，以保证低频响应良好。

2.电路工作原理

图 2.10.1 是一个共集电极放大电路，在发射极接入 R_E 引入电压串联负反馈，稳定静态工作点。其特点是输入电阻高，输出电阻小，电压放大倍数近似为 1，输出电压能在较大范围内

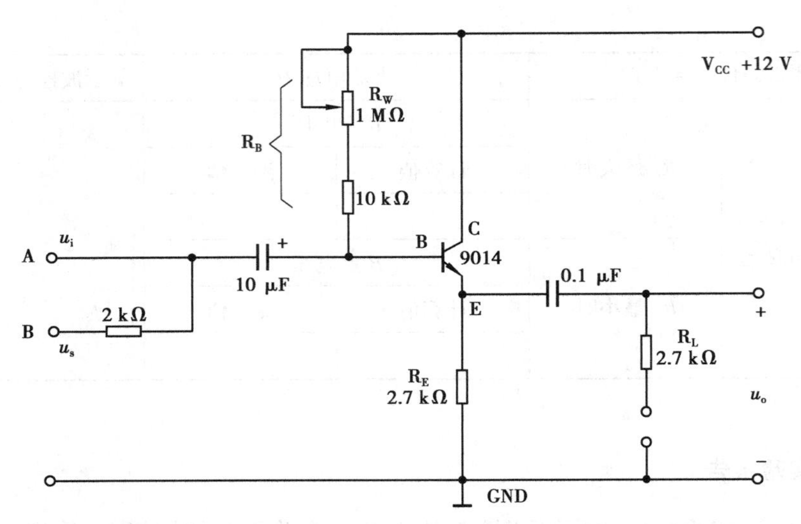

图 2.10.1 共集电极放大电路

跟随输入电压变化，且电路的输出信号与输入信号同相位。因此共集电极放大电路又称为射极跟随器。

电路的输入电阻计算公式为

$$r_i = R_B \,//\, [r_{be} + (1+\beta)R'_L]$$

其中，$R'_L = R_E // R_L$。

根据公式即可知道，共集电极放大电路的输入电阻远大于 r_{be}。

电路的输出电阻计算公式为

$$r_o = R_E \,//\, \frac{r_{be}}{1+\beta}$$

根据公式可知，共集电极放大电路的输出电阻远小于 r_{be}，具有较强的带载能力。

电路的电压放大倍数计算公式为

$$A_u = \frac{(1+\beta)R'_L}{r_{be} + (1+\beta)R'_L} \approx 1$$

虽然共集电极放大电路没有电压放大作用，但是其输出电流远大于输入电流，因此有电流放大作用和功率放大作用。

四、实验设备

实验设备见表 2.10.1。

表 2.10.1

序号	名称	型号与规格	数量	备注
1	双踪示波器	GDS-1072B	1	
2	任意波信号发生器	AFG-2225	1	
3	直流稳压电源	FDP-3303C	1	
4	数字万用表	UT890D	1	
5	学生自制电路实验板		1	

五、实验内容

1.实验预习内容及思考题

(1)复习共集电极放大电路的工作原理。

(2)画出实验原理电路(图2.10.1)的直流通路和微变等效电路。

(3)根据实验原理电路图的参数计算电路的输入、输出电阻。

(4)复习实验2.5中放大电路输入电阻和输出电阻的实验测量法。

注:(2)(3)两部分内容要写在实验报告上,预习时完成。

2.实验准备

(1)按实验原理电路(图2.10.1)在多孔板上焊接好实验电路。

(2)在确认电路焊接无误后,将直流稳压电源电压调至12 V,正极接入实验电路电源输入端,负极接实验电路公共端。

(3)示波器的CH1通道接在电路的A输入端,CH2通道接在输出端。

(4)低频信号源输出一个“1 kHz,1 V(有效值)”的正弦波。

3.实验操作

1)电路的静态工作点调节

将信号源输出的“1 kHz,1 V”正弦波信号接入电路的A输入端,暂不接入负载电阻R_L。调节信号源的输出电压,同时不断调节电位器R_W,保证示波器显示的输出信号波形不失真,最终获得一个最大不失真的输出波。此时示波器上应该显示两个同相位的正弦信号波形。

注:在后续的实验中应保持电位器R_W不变。如果电路发生自激振荡,可在三极管的B、C极之间并联一只100 pF~1 000 pF的瓷片电容即可消除。

2)电路参数测量

(1)电路的空载动态参数测量

电路保持不变,在示波器上观察输入、输出信号的幅值与相位间的关系。读取示波器上的输入、输出信号电压有效值,将测得的电路空载动态参数记入表2.10.2中。

(2)电路的带载动态参数测量

保持电路不变,接入负载电阻R_L,观察输入、输出波形的相位关系,并测量输出信号电压值有效值,将测得的电路带载动态参数记入表2.10.2中。

(3)电路的输入电阻与输出电阻测量

断开负载电阻R_L,将信号源移至电路的B输入端,其余电路保持不变。逐渐增大信号源的输出电压,使电路的输出电压U_o与(1)中所得的空载输出电压相同,在信号源上读取此时信号源的输出电压U_s,记入表2.10.3中。

(4)电路的静态参数测量

撤去输入信号,用万用表直流电压挡分别测量三极管B、E、C极的对地电压,记入表2.10.4中。

(5)电路的频率特性测量

将信号源输入端重新接回到电路的A输入端,输入电压有效值为表2.10.2中U_i的值,并保持不变。依据表2.10.5的频率值,改变信号频率,测量输出信号U_o的电压有效值,记入表2.10.5中。在实验报告上绘制电路的幅频特性曲线图,并标出上、下限频率位置。

注:每改变一次频率,必须重新调整信号源的输出电压,使其保持U_i值不变。

六、实验数据记录与分析

1.动态参数测量与计算(见表 2.10.2)

表 2.10.2　动态参数测量与计算

	实验测量值(有效值)/V			实验计算值		理论计算值	
交流参数	U_i	U_o	U_{oL}	A_u	A_{uL}	A_u	A_{uL}
A 输入端							

2.电路的输入电阻与输出电阻测量(见表 2.10.3)

表 2.10.3　输入电阻与输出电阻测量

	实验测量值(有效值)/V				实验计算值($\beta \approx 100$)	
交流参数	U_s	U_i	U_o	U_{oL}	r_i/Ω	r_o/Ω
B 输入端						

3.静态参数测量(见表 2.10.4)

表 2.10.4　静态参数测量

三极管静态参数测量		
U_b/V	U_e/V	U_c/V

4.电路的频率特性测量(见表 2.10.5)

表 2.10.5　频率特性测量

f/Hz	15	30	50	100	300	600	800	1k	2k	5k	10k
U_o/V											
下限频率 f_L =						上限频率 f_H =					

七、撰写实验报告

(1)认真填写“实验名称”“班级”“姓名”“学号”“实验日期”“同组人”等实验信息。

(2)通过预习,在实验报告上完成“实验目的”“实验原理及实验电路”“实验步骤”内容的整理和书写。

(3)按实验中预习内容及思考题中(2)(3)的要求完成相关的预习报告撰写。

(4)认真、真实地整理并记录实验数据。

(5)根据实验数据对实验进行总结,并写出对本次实验的心得体会及建议。

2.11　场效应管共源极放大电路

一、实验目的

（1）掌握场效应管共源极放大电路静态工作点Q的调试方法，能正确分析静态工作点对放大电路性能的影响；

（2）掌握放大器电压放大倍数A_u、A_{uL}的测量方法。

二、实验电路

实验原理电路如图2.11.1所示。

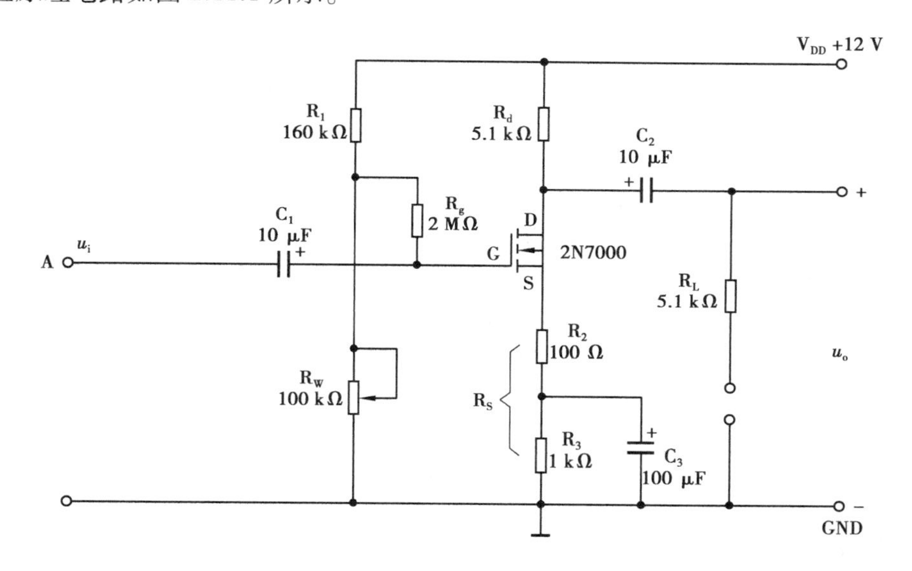

图2.11.1　场效应管共源极放大电路

三、实验原理

1.电路的静态工作原理

由场效应管组成的放大电路和三极管放大电路一样，也需要建立合适的静态工作点Q。但由于场效应管是电压控制器件，因此需要设置合适的静态偏置电压U_{GSQ}。通常偏置的形式有两种，即自偏压电路和分压-自偏压式电路。

本次实验使用的场效应管型号为2N7000，漏源击穿电压$U_{BR(DS)}=60$ V，最大漏极电流$I_{DM}=200$ mA，最大允许耗散功率$P_{DM}=0.35$ W，开启电压$U_{GS(TH)}=2.1$ V，是绝缘栅型N沟道增强型NMOS管。

图2.11.1的电路采用分压-自偏压式偏置电路，由R_1，R_W和R_g三只电阻组成，并在漏极接入R_S引入直流负反馈，共同构成稳定静态工作点的电路。其静态工作点的估算公式为

$$U_{GSQ}=\frac{R_w}{R_1+R_w}V_{DD}-I_{DQ}R_s,\quad I_{DQ}=I_{DO}\left(\frac{U_{GSQ}}{U_{GS(TH)}}-1\right)^2,\quad U_{DSQ}=V_{DD}-I_{DQ}(R_d+R_s)$$

由以上公式可以看出，只要电阻 R_1 和 R_W 选择合适，就能使栅源电压符合要求，而且可以使 U_{GS}为正，也可以使 U_{GS}为负。所以这种分压-自偏压式偏置电路可用于各种场效应管放大电路中。在电路中调节 R_W，可实现对电路静态工作点的调节。

2.电路的动态工作原理

为使放大电路工作在放大区，且能获得一最大不失真输出，就必须给放大电路设置一个合适的静态工作点。

场效应管共源极放大电路的静态工作点选择和输出波形的失真分析与三极管差别不大，学生可参考实验 2.2 的相关内容。

在输出波形不失真的条件下，放大电路的电压放大倍数可由以下公式计算得到：

$$A_u=\frac{u_o}{u_i}(\text{放大器空载}),A_{uL}=\frac{u_{oL}}{u_i}(\text{放大器带载})$$

场效应管共源极放大电路的输出电压与输入电压相位相反，同三极管共射放大电路一样，具有倒相作用。

3.输入电阻

场效应管共源极放大电路的输入电阻为

$$r_i=R_g+(R_1 // R_w)$$

由上式可以看出，如果电阻 $R_g=0$，则电路的输入电阻为 $r_i=(R_1//R_w)$，此时数值较小，失去了场效应管输入电阻高的优点。因此，一般在栅极和电阻 R_1、R_W 相连处接入一个较大的电阻来提高放大电路的输入电阻，它既不影响放大电路的静态工作点，又不影响电压放大倍数。

4.输出电阻

场效应管共源极放大电路的输出电阻为

$$r_o=R_d$$

四、实验设备

实验设备见表 2.11.1。

表 2.11.1

序号	名称	型号与规格	数量	备注
1	双踪示波器	GDS-1072B	1	
2	任意波信号发生器	AFG-2225	1	
3	直流稳压电源	FDP-3303C	1	
4	数字万用表	UT890D	1	
5	学生自制电路实验板		1	

五、实验内容

1.实验预习内容及思考题

(1)复习场效应管共源极放大电路的工作原理。

(2)复习场效应管共源极放大电路的静态分析和动态参数估算理论知识。

(3)观察放大电路的失真并完成失真分析。

2.实验准备

(1)按原理电路(图2.11.1)在多孔板上焊接好实验电路。

(2)在确认电路焊接无误后,将直流稳压电源电压调至12 V,正极接入实验电路电源输入端,负极接实验电路公共端。

(3)示波器的CH1通道接在电路的A输入端,CH2通道接在输出端。

(4)低频信号源输出一个“1 kHz,50 mV(有效值)”的正弦波。

3.实验操作

1)观察截止失真

将信号源输出的“1 kHz,50 mV”正弦波信号接入电路的A输入端,暂不接入负载电阻R_L。如果电路一切正常,示波器上将显示输入和输出两个相位相反的正弦信号波形。

(1)慢慢将电位器R_W的阻值调小,同时观察示波器上的输出波形。当示波器输出波形出现上半部分平顶时,停止调节电位器R_W。此时输出波形的失真为静态工作点过低造成的截止失真。

(2)用万用表直流电压挡测量U_{DS}的值,记入表2.11.2中对应位置;将观察到的失真波形绘制在表2.11.2中对应位置。

2)观察饱和失真

(1)慢慢将电位器R_W的阻值调大,同时观察示波器上的输出波形。当示波器输出波形出现下半部分平顶时,停止调节电位器R_W。此时输出波形的失真为静态工作点过高造成的饱和失真。

(2)用万用表直流电压挡测量U_{DS}的值,记入表2.11.2中对应位置;将观察到的失真波形绘制在表2.11.2中对应位置。

3)调电路最佳静态工作点

(1)慢慢调节电位器R_W,使输出波形双向不失真(此时场效应管D极的静态电压U_Q在6 V左右)。

(2)将信号源输入的交流信号加大到80 mV,微调电位器R_W,使输出波形双向不失真。

(3)将信号源输入的交流信号加大到100 mV(或更大的输入),微调电位器R_W,直至输出波形双向同时失真(失真基本对称),即同时出现截顶和截底的双向失真波形。此时放大电路的静态工作点Q达到最佳静态值。

(4)用万用表直流电压挡测量U_{DS}的值(最佳静态工作点时U_{DS}电压约为5.6 V),记入表2.11.2中对应位置;将观察到的失真波形绘制在表2.11.2中对应位置。

注:在后续的实验中应保持电位器R_W不变。

4)电路功能测试

(1)将信号源输入的正弦交流信号调节到50 mV(有效值),观察输入、输出波形的大小和相位关系。

(2)用万用表直流电压挡测量 U_{DS} 的值,记入表 2.11.2 中对应位置;将观察到的不失真波形绘制在表 2.11.2 中对应位置。

(3)在示波器上读取电路空载时的输出电压有效值 U_o,记入表 2.11.3 中,并计算共源极放大电路的空载电压放大倍数。

(4)接上负载电阻 R_L,观察输出波形的大小变化。在示波器上读取电路带载时的输出电压有效值 U_{oL},记入表 2.11.3 中,并计算共源极放大电路的带载电压放大倍数。

(5)撤去输入信号,用万用表直流电压挡测量此时电路中场效应管三个管脚的对地电压 U_G,U_S,U_D,将测量数据记入表 2.11.4 中,并完成相关计算。

六、实验数据记录与分析

1.波形观察、直流参数测试及输出波形绘制(见表 2.11.2)

表 2.11.2　失真类型分析与波形绘制

	静态工作点过低 U_i = 50 mV	静态工作点过高 U_i = 50 mV	最佳静态工作点 $U_i \approx$ 100 mV	最佳静态工作点 U_i = 50 mV
绘制波形				
U_{DS}				
失真类形				

2.电路放大倍数的测量(见表 2.11.3)

表 2.11.3　动态参数测量与计算

实测参数(有效值)/mV			实测计算值	
U_i	U_o	U_{oL}	A_u	A_{uL}
50 mV				

3.最佳静态工作点的直流参数测量(见表 2.11.4)

表 2.11.4　最佳静态工作点参数测量

实测值/V			实测计算值	
U_G	U_S	U_D	I_D/mA	U_{DS}/V

七、撰写实验报告

(1)认真填写“实验名称”“班级”“姓名”“学号”“实验日期”“同组人”等实验信息。

(2)通过预习,在实验报告上完成“实验目的”“实验原理及实验电路”“实验步骤”内容的整理和书写。

(3)认真、真实地整理并记录实验数据。

(4)根据实验数据对实验进行总结,并写出对本次实验的心得体会及建议。

2.12　双三极管驱动 LED 的多谐振荡器

一、实验目的

(1)进一步熟悉三极管的截止、放大、饱和三种工作状态;

(2)掌握改变振荡频率的方法,了解振荡频率的计算。

二、实验电路

实验原理电路如图 2.12.1 所示。

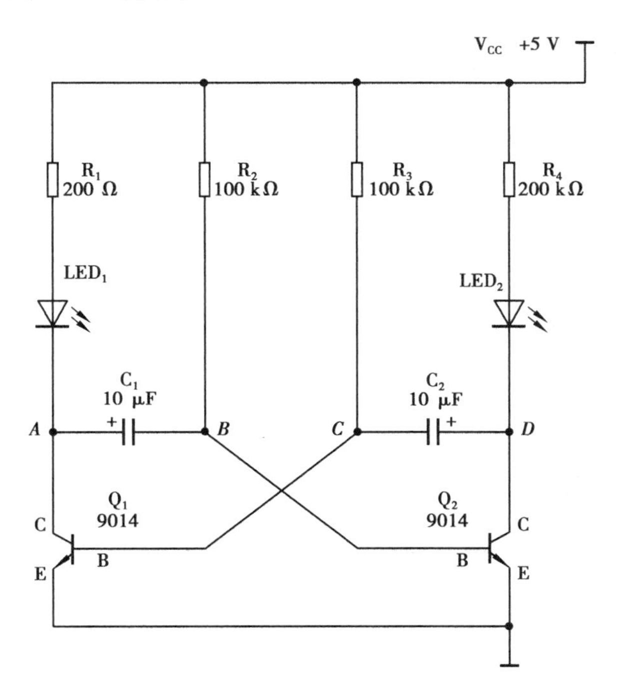

图 2.12.1　双三极管驱动 LED 的多谐振荡器电路

三、实验原理

图 2.12.1 的电路加电后，三极管 Q_1，Q_2 的基极同时通过 R_2，R_3 得到电压。当电压小于 0.5 V时，Q_1，Q_2 都不会导通，集电极电流为零，C_1，C_2 没有电流回路，相当于没有接入电路。

当 Q_1，Q_2 的基极电压都大于 0.5 V 时，它们开始导通，集电极有电流流过，C_1 有了电流回路，方向由 B 到 A；同理，C_2 也有了电流回路，方向由 C 到 D。C_1 会拉低的 Q_2 基极电压，C_2 会拉低的 Q_1 基极电压。

由于电路参数不可能完全一致，必然存在一些差异，导致两只三极管其中的一只导通程度高于另外一只，假设 Q_1 导通程度高于 Q_2，则 Q_1 的集电极电流将大于 Q_2 的集电极电流。C_1 的电流也大于 C_2 的电流，导致 B 点电压比 C 点低，即 Q_2 基极电压变低，基极电流变小，集电极电流变小，D 点电压上升，C_2 电流变小，最后 Q_2 截止。Q_2 截止导致 C 点（即 Q_1 基极）电压进一步升高，Q_1 集电极电流增大，形成正反馈，使 Q_1 迅速饱和，U_{CE}近似为零。C_1 正极电压 A 点也近似为零，C_1 电流达到最大，方向还是由 B 至 A，使 B 点电压近似为零，Q_2 完全截止。在这个过程中 LED_1 点亮，LED_2 熄灭。

C_1 通过 R_2 缓慢充电使 B 点电压慢慢升高，充电时间常数$\tau=R\times C$，当 B 点电压升到 0.5 V 以上时，Q_2 基极开始有电流流过，其集电极电流开始形成。随着 B 点电压越来越高，Q_2 的集电极电流就越来越大，D 点的电压就越来越低，C_2 开始有电流流过，方向由 C 至 D，导致 C 点电压（即 Q_1 基极）降低，集电极电流减小，Q_1 退出饱和。A 点电压开始升高，C_1 电流减小，B 点电压继续升高，Q_2 集电极电流继续增大；C 点电压继续降低，Q_1 集电极电流继续减小，形成正反馈，使 Q_2 迅速饱和，在这个过程中 LED_1 熄灭，LED_2 点亮。

适当改变 C_1，C_2，R_2，R_3 的参数就能改变振荡频率，即 LED 交替闪烁的时间。其振荡周期为：$T=T_1+T_2=0.7\times(R_2\times C_1+R_3\times C_2)=1.4R\times C$。

图 2.12.1 中 LED 工作时两端的压降 U_{LED}为 1.5～3.5 V，视不同颜色的 LED 而不同，本次实验用红色 LED，$U_{LED}=2$ V。当 LED 最亮时（即 Q_1 或 Q_2 饱和），Q_1，Q_2 的 U_{CE}可以看成等于零，则 LED_1 的最大工作电流 $I_1=\dfrac{V_{CC}-U_{LED}}{R_1}$。

四、实验设备

实验设备见表 2.12.1。

表 2.12.1

序号	名称	型号与规格	数量	备注
1	双踪示波器	GDS-1072B	1	
2	直流稳压电源	FDP-3303C	1	
3	学生自制电路实验板		1	

五、实验内容

1.实验预习内容及思考题

(1)预习三极管的截止、放大、饱和三种工作状态。

(2)分析三极管 Q_1,Q_2 集电极的波形,并画在草稿纸上。

(3)根据实验原理电路的参数计算振荡频率。

2.实验准备

(1)按实验原理电路图(图 2.12.1)在多孔板上焊接好实验电路。

(2)在确认电路焊接无误后,将直流稳压电源电压调至 5 V,正极接入实验电路电源输入端,负极接实验电路公共端。

3.实验操作

实验电路接通电源后无须调试,如果电路焊接无误,两只 LED 就将按照一定的频率闪烁。

1)观察 Q_1,Q_2 集电极的波形

将示波器 CH1 通道接在 *A* 点;将示波器 CH2 通道接在 *D* 点,同时观察 Q_1,Q_2 的集电极波形,并与预习内容(2)的波形比较。

2)测量振荡频率

在示波器上读取振荡频率,记入表 2.12.2 中。

六、实验数据记录与分析

电路的参数测量和计算见表 2.12.2。

表 2.12.2　电路参数的测量和计算

振荡频率/Hz		LED 最大电流计算值/mA(U_{CE}=0 V)	
计算值	实测值	LED_1	LED_2

七、撰写实验报告

(1)认真填写“实验名称”“班级”“姓名”“学号”“实验日期”“同组人”等实验信息。

(2)通过预习,在实验报告上完成“实验目的”“实验原理及实验电路”“实验步骤”内容的整理和书写。

(3)按实验中预习内容及思考题中的要求完成相关预习内容。

(4)认真、真实地整理并记录实验数据。

(5)在同一坐标上绘制 Q_1,Q_2 集电极的波形,整理实验数据,并根据实验数据对实验进行总结,并写出对本次实验的心得体会及建议。

2.13 呼吸灯

一、实验目的

(1)进一步熟悉集成运算放大器的应用;
(2)掌握由集成运算放大器构成的三角波发生电路;
(3)掌握由集成运算放大器构成的方波信号发生电路;
(4)掌握 Visio 绘图软件的使用。

二、实验电路

实验原理电路如图 2.13.1 所示。

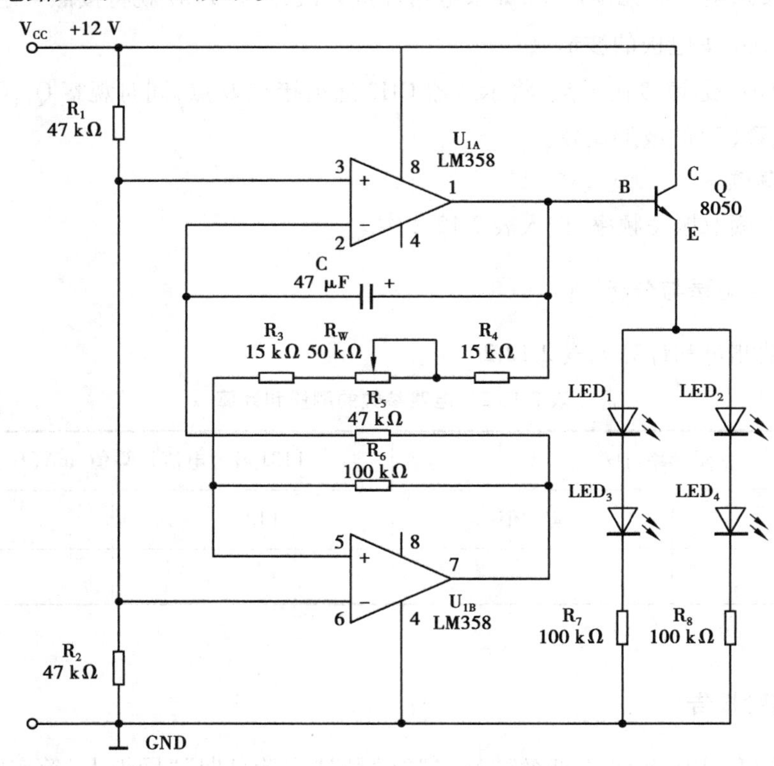

图 2.13.1 呼吸灯

三、实验原理

1.LM358 集成运算放大器

LM358 是集成双运算放大器,一只芯片内部集成了两个独立的、高增益、有内部频率补偿的运算放大器。它既适用于单电源工作模式,也适用于双电源工作模式。

LM358 具有电源电压范围宽(单电源 3~30 V,双电源±1.5~±15 V),直流电压增益高(约

100 dB），单位增益频带宽（约 1 MHz），输出电压摆幅大（0～V_{CC}－1.5 V）等优点。

LM358 集成运算放大器的封装图及引脚说明如图 2.13.2 所示。

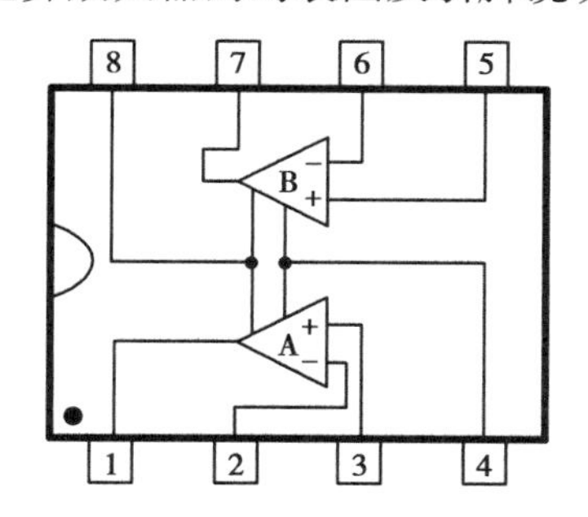

1：输出A
2：反向输入A
3：同向输入A
4：电源-
5：同向输入B
6：反向输入B
7：输出B
8：电源+

图 2.13.2　LM358 集成运算放大器封装图及引脚说明

2.实验原理

图 2.13.1 所示呼吸灯电路工作时，LED 呈现出暗—渐亮—亮—渐暗—暗的周期性变化效果，频率和人的呼吸相同，是一个很有趣的电子产品。

整个电路用了一块 LM358 集成运算放大器，可分为两个部分：由运放 U_{1A}以及外围元件组成的三角波发生电路和由运放 U_{1B}以及外围元件组成的方波信号发生电路。

电阻 R_1，R_2 阻值相同，串联后接在 V_{CC}+12 V 与地之间构成 6 V 分压电路，为 LM358 内部的两个运放 U_{1A}，U_{1B}提供门限电压（基准电压）。

LED 采用 4 只蓝色发光二极管，工作时两端的压降 $U_{LED}=3.3$ V。

三极管 Q 接成共集电极射极跟随器，用以放大电流，保证 4 只 LED 正常工作。

1）由运放 U_{1A}以及外围元件组成的三角波发生电路工作原理

运放 U_{1A}和电阻 R_1，R_5，电容 C 构成了三角波发生（积分运算）电路。电路加电后，U_{1A}的同相输入端 3 脚得到 6 V 的门限电压，反相输入端 2 脚的电压 $u_1=0$，电容的初始电压 $u_o=0$，根据积分运算电路的公式 $u_o=-\frac{1}{R_5C}\int_{t_0}^{t}u_1\mathrm{d}t+u_o(t_0)$，输出端 1 脚的电压 $u_o=0$。然后 1 脚的电压会随着时间慢慢的升高，其积分时间常数$\tau=R_5C$。此时 LED 呈现出暗—渐亮—亮的变化。

2）由运放 U_{1B}以及外围元件组成的方波信号发生电路工作原理

运放 U_{1B}和电阻 R_2，R_3，R_W，R_4，R_6构成了滞回电压比较器（即方波信号发生电路）。电路加电后，U_{1B}的反相输入端 6 脚得到 6V 的门限电压，同相输入端 5 脚通过电阻 R_3，R_W，R_4与 U_{1A}的 1 脚相连，电压等于 0，输出端 7 脚的电压也等于 0。

随着时间的推移，1 脚电压慢慢升高，5 脚电压也会慢慢升高，当 5 脚电压大于 6 V 时，比较器的输出状态翻转为高电平，7 脚电压约等于 10.5 V（V_{CC}－1.5 V）。

3）全电路工作原理

7 脚的 10.5 V 电压通过电阻 R_5 加到 U_{1A}的 2 脚，改变三角波发生电路的输出状态，1 脚电压会慢慢降低，其积分时间常数τ不变。此时 LED 呈现出亮—渐暗—暗的变化。

当 1 脚电压降低到小于 6V 时，比较器的输出状态又会翻转为 0V，此时 1 脚电压又会慢慢升高，从而使整个电路周而复始的工作在上述状态。

改变电位器 R_W 的阻值可以改变积分时间常数τ，即可调节电路呼吸的快慢。

当电路稳定工作后，运放 U_{1A}1 脚的输出波形是三角波，理论上直流电压应该在 6 ～10.5 V

(V_{CC}-1.5 V)变化。但由于运放 U_{1B}是滞回比较器,有回差电压存在,所以实际 U_{1A}1 脚的电压会在 3.5~9.5 V 变化。

运放 U_{1B}7 脚的输出波形是方波,直流电压在 0 V 和 10.5 V 跳变。

LM358 的 1 脚、7 脚的输出波形如图 2.13.3 所示。

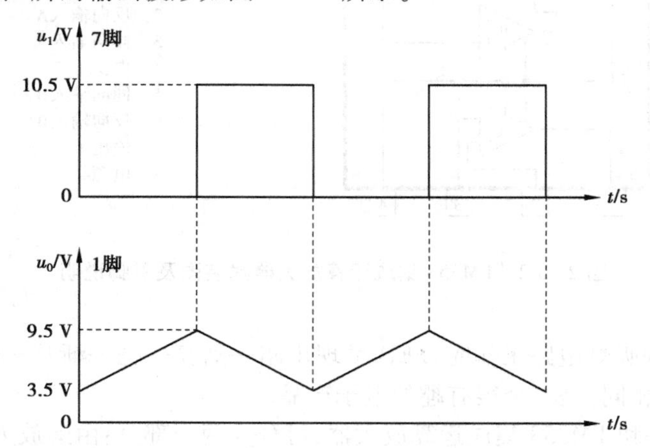

图 2.13.3 LM358 输出波形图

四、实验设备

实验设备见表 2.13.1。

表 2.13.1

序号	名称	型号与规格	数量	备注
1	双踪示波器	GDS-1072B	1	
2	直流稳压电源	FDP-3303C	1	
3	数字万用表	UT890D	1	
4	学生自制电路实验板		1	

五、实验内容

1.实验预习内容及思考题

(1)预习共集电极放大电路的工作原理。

(2)预习由运放组成的三角波发生电路。

(3)预习由运放组成的方波信号发生电路。

2.实验准备

(1)本次实验的电路比较复杂,要求学生必须利用绘图软件 Visio(软件的使用见本教材附录 1)先绘制出电路安装图,再进行焊接。

(2)按绘制的电路安装图在多孔板上焊接好实验电路。

(3)在确认电路焊接无误后,将直流稳压电源电压调至 12 V,正极接入实验电路电源输入端，负极接实验电路公共端。

3.**实验操作**

实验电路接通电源后无需调试，如果电路焊接无误，4只LED就将呈现出暗—渐亮—亮—渐暗—暗的周期性变化。改变电位器 R_W 的阻值，观察电路呼吸的快慢的变化。观察完后将电位器调回到中间位置，并在后续的实验中保持不变。

1）观察LM358的1脚和7脚的输出波形

将示波器CH1通道接在LM358的1脚；将示波器CH2通道接在LM358的7脚。同时观察1脚和7脚的输出波形，并将观察到的波形画在实验报告上。

2）电路的参数测量

用万用表直流电压挡按表2.13.2的要求测量电路的相关参数，记入表2.13.2中。

3）测量频率

在示波器上读取LM358的1脚和7脚的频率，记入表2.13.2中。

六、实验数据记录与分析

电路的参数测量见表2.13.2。

表2.13.2　电路参数的测量

门限电压/V		LM358输出电压/V				频　率/Hz	
U_{1A}	U_{1B}	U_{1A}最低	U_{1A}最高	U_{1B}最低	U_{1B}最高	U_{1A}	U_{1B}

七、撰写实验报告

（1）认真填写“实验名称”“班级”“姓名”“学号”“实验日期”“同组人”等实验信息。

（2）通过预习，在实验报告上完成“实验目的”“实验原理及实验电路”“实验步骤”内容的整理和书写。

（3）按实验中预习内容及思考题中的要求完成相关预习内容。

（4）认真、真实地整理并记录实验数据。

（5）在同一坐标上绘制LM358 1脚和7脚的输出波形，整理实验数据，并依据实验数据对实验进行总结，并写出对本次实验的心得体会及建议。

第 3 章
数字电子技术实验

3.1 集成逻辑门逻辑功能测试与应用电路

一、预习内容

(1)阅读 TTL、CMOS 集成电路相关手册,学习查阅器件参数和功能表。

(2)什么是数字信号? 它与模拟信号有什么不同? 对数字信号的参数有什么严格要求?

(3)什么是数字集成电路? TTL 系列、CMOS 系列数字集成电路在性能、参数上有哪些主要区别?

(4)学习附录 1,熟悉数字逻辑实验箱单元组成及单元功能。

二、实验目的

(1)认识数字集成电路,掌握数字集成电路的使用常识;

(2)学习逻辑实验箱的使用;

(3)掌握基本门电路逻辑功能测试方法。

三、实验设备及器件

(1)数电实验箱;

(2)万用表;

(3)四 2 输入与非门 74LS00;

(4)四 2 输入与非门 CD4011;

(5)四 2 输入异或门 74LS86;

(6)2 路 3—3、2 路 2—2 输入与或非门 74LS51。

四、数字集成电路简述

(1)晶体管工作在开关状态时,以“导通”或“截止”来表示两种输出状态,并用二进制数

"1"或"0"表示。能够实现二进制数的逻辑运算、数据传输、状态转换、数据存储的集成电路称为数字集成电路。按集成电路内部所用的有源器件不同,可分为 TTL 型、CMOS 型。按功能分为基本门电路、集成组合电路、集成触发器、集成计数电路等。

(2)数字集成电路性能分类列表如表 3.1.1 所示。

表 3.1.1　数字集成电路性能分类表

名称及特征	74LS 系列	74HC 系列	CC4000、CC4500 系列
芯片类型	TTL 型	CMOS 型	CMOS 型
芯片内有源器件	双结型晶体管	NMOS、PMOS 晶体管	NMOS、PMOS 晶体管
信号驱动方式	电流驱动型	电压驱动型	电压驱动型
基本性能	高速、低功耗	高速、微功耗	微功耗、抗干扰强
集成电路电源供电	V_{CC}:(5±0.5)V	V_{CC}:2~6 V	V_{DD}:3~18 V
逻辑电平典型值:	高电平:3.6 V 低电平:0.3 V	高电平:$>V_{CC}\times80\%$ 低电平:<0.1 V	高电平:$>V_{DD}\times80\%$ 低电平:$<V_{DD}\times10\%$
外形封装	双列直插式、贴片	双列直插式、贴片	双列直插式、贴片

五、实验内容及步骤

1.通用类数字集成电路外引线图及使用方法

1)外引线排列

在表 3.1.1 中,有 3 种通用类常用系列数字集成电路,它们的外引线图识别方法完全相同。以 14 脚 TTL 集成电路为例(图 3.1.1),双列直插式封装引脚识别:引脚对称排列,正面朝上,半圆凹槽向左,左下为 1 脚,按逆时针方向,引脚序号依次递增。

2)芯片电源供电

集成电路电源供电值见表 3.1.2。

电源连接方式:电源正极连接标有 V_{CC}(V_{DD})字符的引脚,负极连接标有 GND(V_{SS})字符的引脚。为了达到良好的使用效果,电源额定值必须在给定标准范围内,电源极性连接应正确。

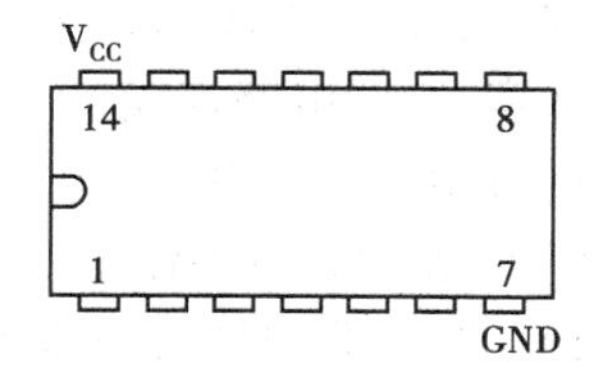

图 3.1.1　54/74 系列,CC4000、4500 系列集成电路引脚识别

注意:禁止电源反极性供电。

2.重要使用规则

(1)集成电路禁止在通电状态下焊接、装配。

(2)起、拔集成电路应采用专用工具。

(3)输出端不能直接连接电源正极或地线。

(4)小规模(SSI)和中规模(MSI)芯片在使用中发热严重时,应检查外围连线连接是否正确,电源供电是否满足要求。

(5)当 TTL 型和 CMOS 型集成电路混合使用时,会因为芯片供电不同出现电平配合的问题,使电路无法实现设计功能。解决方法是采用“电平转移”电路实现信号匹配。

3.实验箱基本单元功能、面板布局

实验箱基本单元功能见表 3.1.2,面板布局见附录 1。

表 3.1.2 实验箱基本单元功能表

实验箱组成	实现功能	用途
电源(A)	DC±5 V,0.5 A;DC±12 V,0.5 A	提供集成电路工作电源 V_{CC},V_{DD}
逻辑开关(C)	单元使用需接入+5 V 电源:开关拨上时,输出逻辑高电平,$U>3.6$ V;开关拨下时,输出逻辑低电平,$U<0.2$ V	输出逻辑电平,控制被测试单元电路输入端状态
状态指示灯(D)	十组指示灯 LED1—LED10,驱动信号电平幅度大于 1 V	连接被测试单元输出端,监测输出状态:指示灯点亮为“1”状态;指示灯熄灭为“0”状态
时钟(B)	连续脉冲:$f=2$ Hz　$U>3.6$ V;单脉冲:按键控制,正、负脉冲输出 $U_H>3.6$ V,$U_L<0.2$ V	时序电路时钟源
编码开关(F)	两组机械式十—二进制 BCD 编码开关,显示“0—9”,转换输出“0000—1001”	计数器状态预置
译码单元(E)	两组十进制译码器,输入量:“0000—1001”,显示数“0—9”	十进制显示译码器

4.基本门电路功能测试

本次实验将使用的实验箱中相关单元如下:①“电源”;②“逻辑开关”;③“状态指示灯”(表 3.1.2)。检测单元功能是否正常。

按实验内容要求选择集成芯片,完成测试电路连线。

注意:实验电路连线、拆线应在断电状态下完成。

用万用表直流电压挡测量输出端电压值,记录在实验记录表中“电平”输出栏,“逻辑状态”用“1”表示高电平输出,用“0”表示低电平输出。

1) TTL 与非门逻辑功能测试(74LS00)

74LS00 的外引线图、逻辑符号及逻辑图如图 3.1.2 所示。

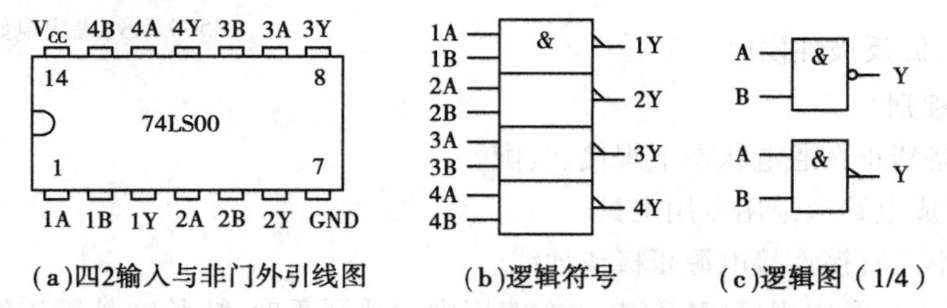

图 3.1.2 74LS00 外引线图、逻辑符号及逻辑图

与非门逻辑图如图 3.1.3 所示,参数测试表见表 3.1.3。

表 3.1.3　TTL 与非门功能测试表

输入端		输出端 Y	
A	B	电　平	逻辑状态
0	0		
0	1		
1	0		
1	1		

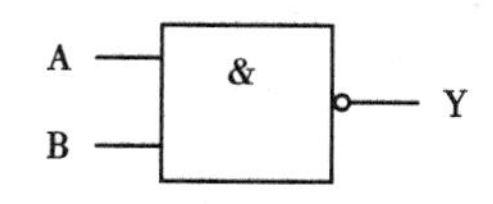

图 3.1.3　TTL 与非门逻辑图

2）CMOS 与非门逻辑功能测试（CD4011）

与非门外引线图见附录 2，逻辑图如图 3.1.4 所示，功能测试表见表 3.1.4。

表 3.1.4　CMOS 与非门功能测试表

输入端		输出端 Y	
A	B	电　平	逻辑状态
0	0		
0	1		
1	0		
1	1		

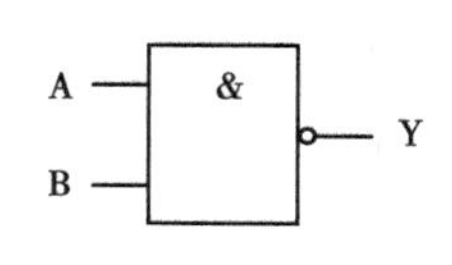

图 3.1.4　CMOS 与非门逻辑图

3）异或门逻辑功能测试（74LS86）

74LS86 的外引线图、逻辑符号及逻辑图如图 3.1.5 所示。

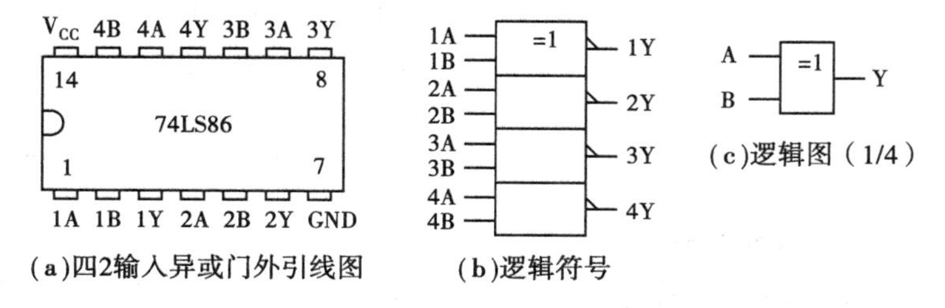

图 3.1.5　74LS86 外引线图、逻辑符号及逻辑图

异或门逻辑图如图 3.1.6 所示，参数测试表如表 3.1.5 所示。

表 3.1.5　异或门功能测试表

输入端		输出端 Y	
A	B	电　平	逻辑状态
0	0		
0	1		
1	0		
1	1		

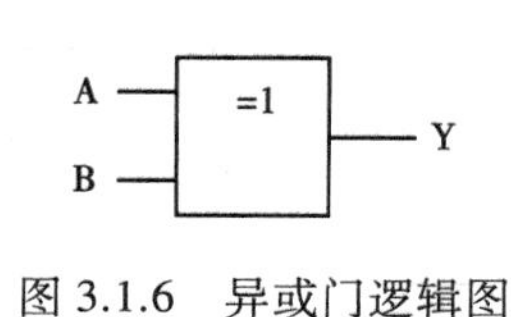

图 3.1.6　异或门逻辑图

4）与或非门逻辑功能测试（74LS51）

74LS51 的外引线图、逻辑符号及逻辑图如图 3.1.7 所示。

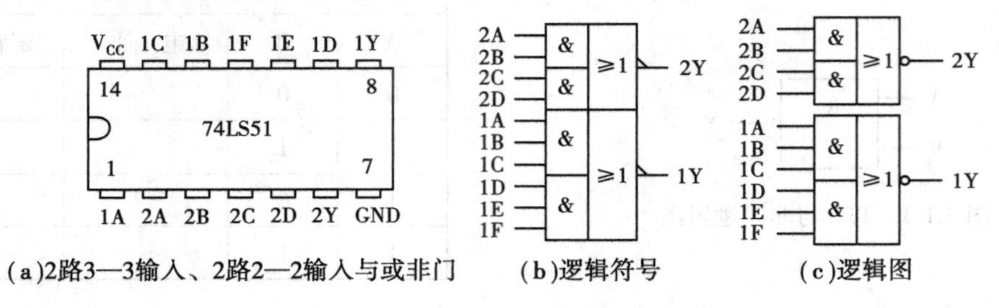

(a)2路3—3输入、2路2—2输入与或非门　(b)逻辑符号　(c)逻辑图

图 3.1.7　74LS51 引线图、逻辑符号及逻辑图

与或非门逻辑图如图 3.1.8 所示，参数测试表见表 3.1.6。

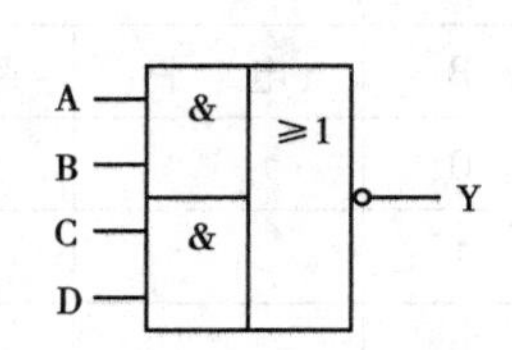

图 3.1.8　与或非门逻辑图

表 3.1.6　与或非门功能测试表

输入端				输出端 Y	
A	B	C	D	电　平	逻辑状态
0	0	0	0		
0	0	0	1		
0	0	1	0		
0	1	0	0		
1	0	0	0		
1	0	0	1		
0	1	1	0		
0	0	1	1		
1	1	0	0		
1	1	1	1		

5.门电路（74LS00）转换电路

在数字电子技术应用中，常常将两个或两个以上的基本门电路组合起来，实现单一门电路或集成电路无法实现的功能，以满足逻辑控制、状态控制的需要。这种类型的电路也被称为组合电路，它能够实现比较特殊或更为复杂的逻辑功能。

在图 3.1.9 所示的门电路中，按表 3.1.7 输入数据，记录输出端 Y 的逻辑状态，并判断该门电路实现了什么逻辑功能，记入表 3.1.7 中。参数测试表见表 3.1.7。

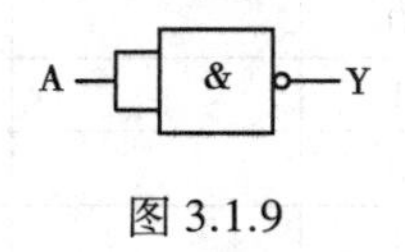

图 3.1.9

表 3.1.7　功能测试表

输入端 A	输出端 Y 的逻辑状态	逻辑功能
0		
1		

6.观察与非门对脉冲信号的控制作用

测试电路图如图 3.1.10 所示，连续脉冲信号选用“连续脉冲”，并作用于输入端 A，控制信号选用“逻辑开关”，连接于输入端 B。控制信号由低电平“0”和高电平“1”状态组成。观察控制信号分别为“0”和“1”状态时输出端 Y 的状态，判断输入信号的传输条件，并在图 3.1.11 中描绘输出波形。

图 3.1.10　电路测试图　　图 3.1.11　绘制输出信号波形图

六、撰写实验报告

(1)认真填写“实验名称”“班级”“姓名”“学号”“实验日期”“同组人”等实验信息。

(2)通过预习，在实验报告上完成“实验目的”“实验原理及实验电路”“实验步骤”内容的整理和书写。

(3)认真、真实地整理并记录实验数据。

(4)根据实验数据对实验进行总结，并写出对本次实验的心得体会及建议。

3.2　组合逻辑电路的设计与应用(一)

一、预习内容

(1)熟悉中规模集成电路——译码器、编码器的芯片引脚及其逻辑功能；

(2)列出设计电路所需芯片清单，标出引脚(查阅附录 2)，列出真值表，写出对应的逻辑功能。

二、实验目的

(1)掌握门电路的组合电路的分析方法；

(2)掌握组合逻辑电路的设计方法。

三、实验设备及器件

(1)数电实验箱；

(2)万用表；

(3)四 2 输入非门 74LS04；

(4)四 2 输入异或门 74LS86；

(5)与或非门 74LS51；

(6)译码器 74LS138。

四、设计任务与要求

1.分析电路的逻辑功能

图 3.2.1 中,集成电路选用 74LS04,74LS86,74LS51。图中输入端 A,B,C_0 各接一个"逻辑开关",输出端 S,C_1 各接一只"状态指示灯"。按表 3.2.1 所示要求输入数据,在表 3.2.1 中记录测试结果,并判断电路实现的功能。

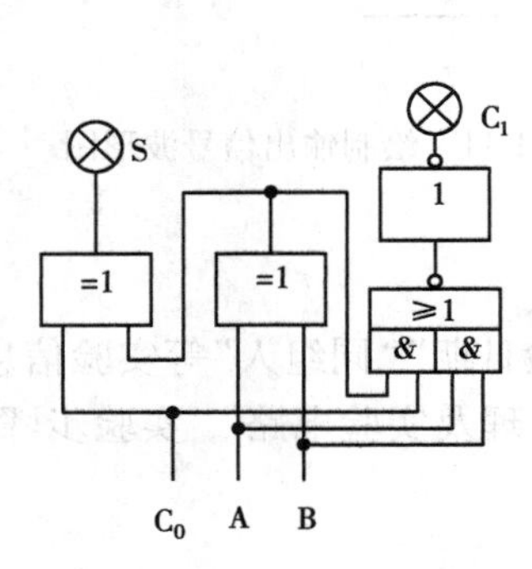

图 3.2.1 门电路组合电路

表 3.2.1 功能测试表

数据输入			数据输出		电路功能
A	B	C_0	C_1	S	
0	0	0			
0	0	1			
0	1	0			
1	0	0			
0	1	1			
1	0	1			
1	1	0			
1	1	1			

2.设计电路

(1)设计逻辑函数产生器,用 74LS138 及门电路实现逻辑函数 F=AB+BC+AC。

(2)设计逻辑函数产生器,用 74LS138 及门电路实现逻辑函数 $F=\overline{Z}_m$(3,4,5,6,7,8,9,10,12,14)。

(3)设计 1 位二进制全减器,输入为被减数、减数和来自低位的借位;输出为两数之差和向高位的借位信号。(注:使用译码器 74LS138)

五、设计方案与提示

译码器与编码器都是一种有多个输入端与输出端的集成组合逻辑电路,主要用于代码变换、数据分配、驱动数字显示器件。

1.变量译码器(74LS138——3 线—8 线译码器,三变量译码器,反码输出)

(1)集成电路外引线、逻辑符号及功能图

74LS138 的外引线图、逻辑符号、功能图如图 3.2.2 所示。

(2)引脚功能说明

- 数据输入端 C,B,A:输入码范围 000—111。
- 译码允许端(选通端)OE1:高电平有效。当 OE1=0 时禁止译码。
- 译码允许端(选通端)$\overline{OE2A}$,$\overline{OE2B}$:低电平有效。当$\overline{OE2A}$=1 或$\overline{OE2B}$=1 时禁止译码。
- 数据输出端$\overline{Y0}$ $\overline{Y1}$ $\overline{Y2}$ $\overline{Y3}$ $\overline{Y4}$ $\overline{Y5}$ $\overline{Y6}$ $\overline{Y7}$:反码输出。

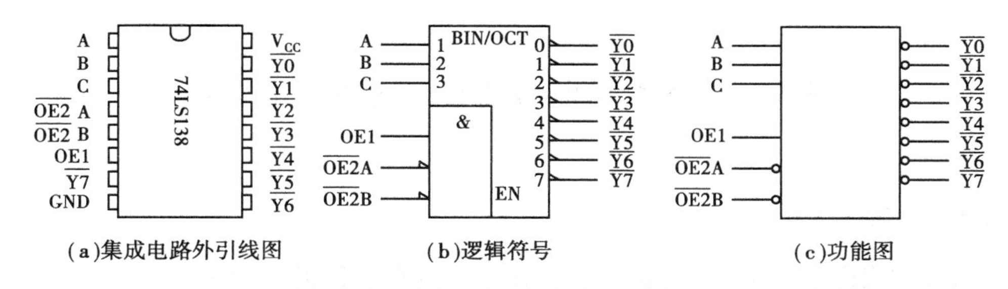

(a)集成电路外引线图　　(b)逻辑符号　　(c)功能图

图 3.2.2　3 线—8 线译码器 74LS138 外引线图、逻辑符号及功能图

2.显示译码器(74LS48——4 线—7 段译码/驱动器)

1)集成电路外引线图、逻辑符号及功能图

74LS48 的外引线图、逻辑符号及功能图如图 3.2.3 所示。

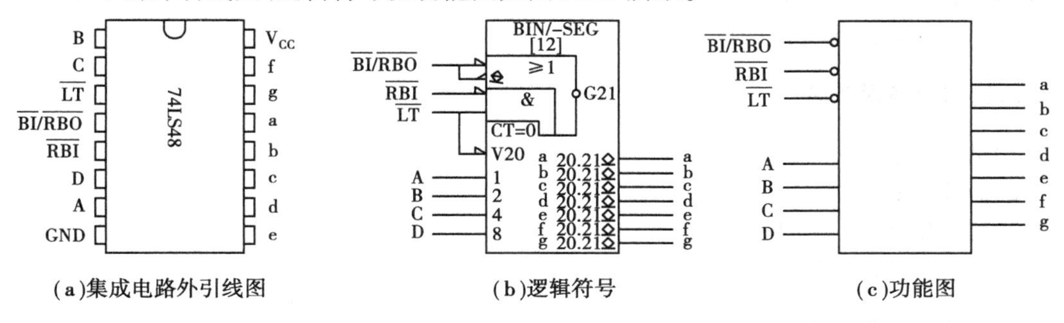

(a)集成电路外引线图　　(b)逻辑符号　　(c)功能图

图 3.2.3　3 线—7 段译码/驱动器 74LS48 外引线图、逻辑符号及功能图

2)引脚功能说明

- 数据输入端 D,C,B,A:输入码范围 0000—1001。
- 灯测试端$\overline{LT}$:显示器测试功能,低电平有效。当$\overline{LT}$=0 时,显示器显示字符“8”。
- 灭灯端$\overline{BI}/\overline{RBO}$:显示器熄灭功能,低电平有效。当$\overline{BI}/\overline{RBO}$=0 时,显示器熄灭。

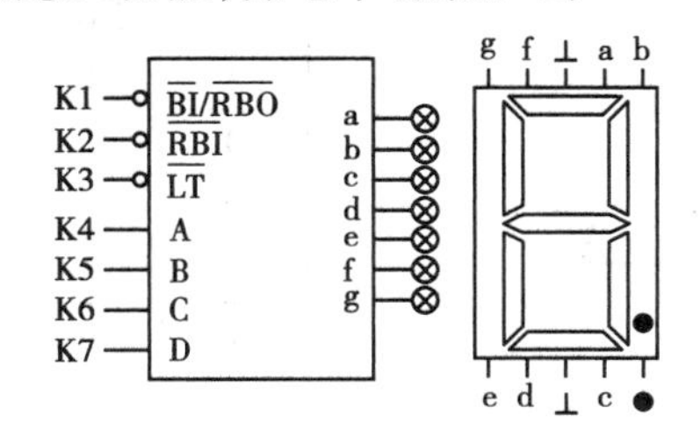

图 3.2.4　译码器功能测试图

六、撰写实验报告

(1)认真填写“实验名称”“班级”“姓名”“学号”“实验日期”“同组人”等实验信息。

(2)通过预习,在实验报告上完成“实验目的”“实验原理及实验电路”“实验步骤”内容的整理和书写。

(3)认真、真实地整理并记录实验数据。

(4)根据实验数据对实验进行总结,并写出对本次实验的心得体会及建议。

3.3 组合逻辑电路的设计与应用(二)

一、预习内容

(1)熟悉中规模集成电路——数据选择器的芯片引脚及其逻辑功能；

(2)列出设计电路所需芯片清单,标出引脚(查阅附录2),列出真值表,写出对应的逻辑功能。

二、实验目的

(1)掌握门电路的组合电路的分析方法；

(2)掌握组合逻辑电路的设计方法。

三、实验设备及器件

(1)数电实验箱；

(2)万用表；

(3)四2输入非门74LS00；

(4)选择器74LS151。

四、设计任务与要求

1.分析电路的逻辑功能

图3.3.1中,集成电路选用74LS00。图中输入端A,B,C各接一个“逻辑开关”,输出端为Y。按表3.3.1所示要求输入数据,在表3.3.1中记录测试结果,并判断电路实现的功能。

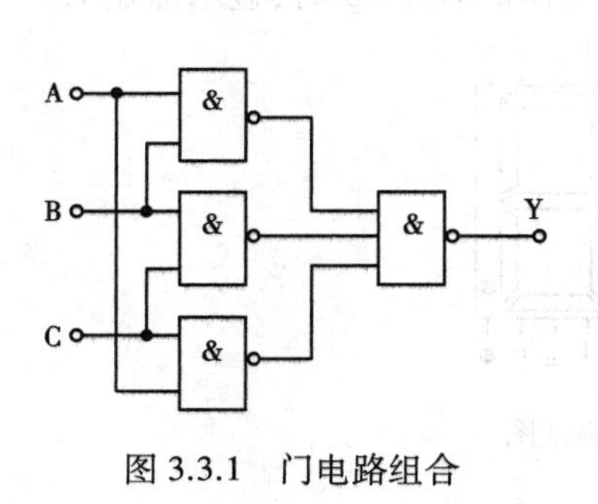

图3.3.1 门电路组合

表3.3.1 功能测试表

数据输入			数据输出	电路功能
A	B	C	Y	
0	0	0		
0	0	1		
0	1	0		
1	0	0		
0	1	1		
1	0	1		
1	1	0		
1	1	1		

2.设计电路

(1)用74LS151设计逻辑函数产生器,实现函数F=AB+BC+AC。

(2)用74LS151设计逻辑函数产生器,实现函数$F=\overline{Z}_m(3,4,5,6,7,8,9,10,12,14)$。

(3)设计一个输血—受血判别电路,当输血者和受血者的血型符合下列要求时,配型成功,受血者可接受输血者提供的血液。要求:A型血可以输给A型或AB型血的人;B型血可以输给 B 或 AB 型血的人；AB 型血只能输给 AB 型血的人；O 型血可以输给 A、B、AB 或 O 型血的人。（注：使用数据选择器 74LS151）

五、设计方案与提示

数据选择器是多个输入独立，输出并在一起的“开关集”。输入地址码决定在任何时刻只能接通其中一个“开关”，选择相应的输入信号传送到输出端。

本实验中用到的数据选择器是 74LS151——8 选 1 数据选择器，74LS153——双 4 选 1 数据选择器。

1）集成电路外引线图、功能图

74LS151 的外引线图、功能图如图 3.3.2 所示，74LS153 的外引线图和功能图如图 3.3.3 所示。

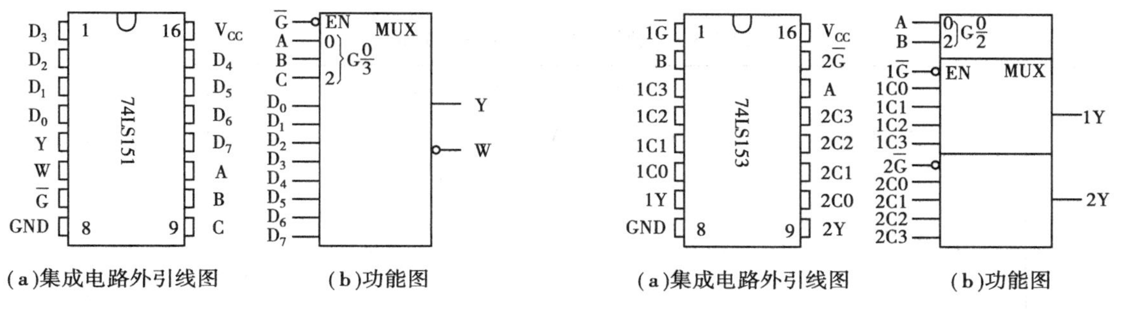

（a）集成电路外引线图　（b）功能图

图 3.3.2　74LS151 外引线图和功能图

（a）集成电路外引线图　（b）功能图

图 3.3.3　74LS153 外引线图和功能图

2）集成电路内部选通电路及功能表

74LS151 的内部选通电路如图 3.3.4 所示，74LS153 的内部选通电路如图 3.3.5 所示。74LS151 的功能表见表 3.3.2，74LS153 的功能表见表 3.3.3。

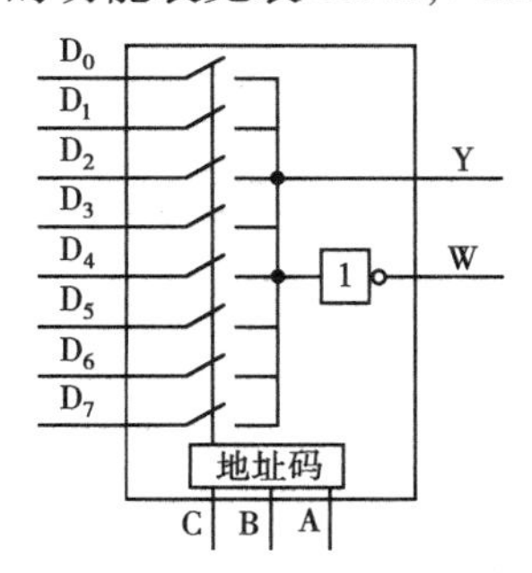

图 3.3.4　74LS151 内部选通电路

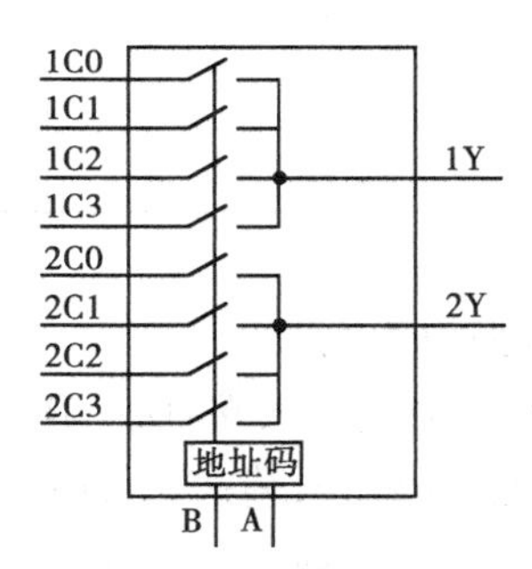

图 3.3.5　74LS153 内部选通电路

表 3.3.2　数据选择器 74LS151 功能表

输入数据	地址码			选　通	输　出	
	C	B	A	$\overline{G}$	Y	W
	×	×	×	H	0	1
D_0	0	0	0	L	D_0	$\overline{D_0}$
D_1	0	0	1	L	D_1	$\overline{D_1}$
D_2	0	1	0	L	D_2	$\overline{D_2}$
D_3	0	1	1	L	D_3	$\overline{D_3}$

续表

输入数据	地址码			选 通	输 出	
	C	B	A	$\overline{G}$	Y	W
	×	×	×	H	0	1
D_4	1	0	0	L	D_4	$\overline{D_4}$
D_5	1	0	1	L	D_5	$\overline{D_5}$
D_6	1	1	0	L	D_6	$\overline{D_6}$
D_7	1	1	1	L	D_7	$\overline{D_7}$

表 3.3.3　数据选择器 74LS153 功能表

输入数据	地址码		选 通	输 出
	B	A	$\overline{G}$	1Y/2Y
	×	×	H	0
1C0	0	0	L	1C0
1C1	0	1	L	1C1
1C2	1	0	L	1C2
1C3	1	1	L	1C3
2C0	0	0	L	2C0
2C1	0	1	L	2C1
2C2	1	0	L	2C2
1C3	1	1	L	2C3

3)引脚功能说明

(1)8 路数据输入端:D_0—D_7。

(2)地址码输入端:CBA,输入码范围 000—111。

(3)选通输入端$\overline{G}$:低电平有效,当$\overline{G}=0$时,允许选择数据输出;当$\overline{G}=1$时,禁止数据输出。

(4)输出端 Y 与 $\overline{Y}$:同相输出端 Y,输出信号与输入信号电平相同;反相输出端 $\overline{Y}$,输出信号与输入信号电平相反。

六、撰写实验报告

(1)认真填写“实验名称”“班级”“姓名”“学号”“实验日期”“同组人”等实验信息。

(2)通过预习,在实验报告上完成“实验目的”“实验原理及实验电路”“实验步骤”内容的整理和书写。

(3)认真、真实地整理并记录实验数据。

(4)根据实验数据对实验进行总结,并写出对本次实验的心得体会及建议。

3.4　时序逻辑电路的设计(一)

一、预习内容

(1)熟悉各类触发器的芯片引脚及其逻辑功能。
(2)列出设计电路所需芯片清单,标出引脚(查阅附录2),写出对应的逻辑功能。

二、实验目的

(1)掌握时序逻辑电路的分析方法;
(2)掌握时序逻辑电路的设计方法。

三、实验设备及器件

(1)数电实验箱;
(2)万用表;
(3)D触发器 74LS74;
(4)JK触发器 74LS112。

四、设计任务与要求

1.分析时序逻辑电路的功能

时序逻辑电路如图3.4.1所示。该计数电路时钟输入端连接“单脉冲”,K1,K2选择“逻辑开关”,Q_B,Q_A连接“状态指示灯”。分析该时序逻辑电路,并将分析结果填入表3.4.1中。

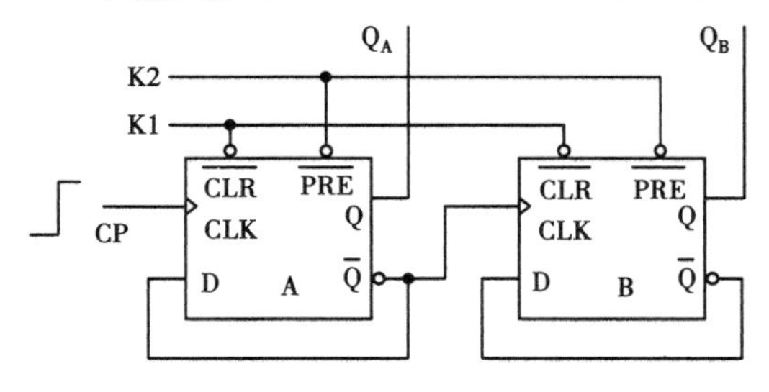

图3.4.1　时序逻辑电路

表3.4.1　功能测试表

CP		Q_B	Q_A
初　态		0	0
K1置于“0”	↑		
K1置于“1”	↑		
	↑		
	↑		
	↑		

2.设计电路

(1)用JK触发器设计十三进制计数器。
(2)用JK触发器设计一个同步时序电路,其要求如图3.4.2所示。

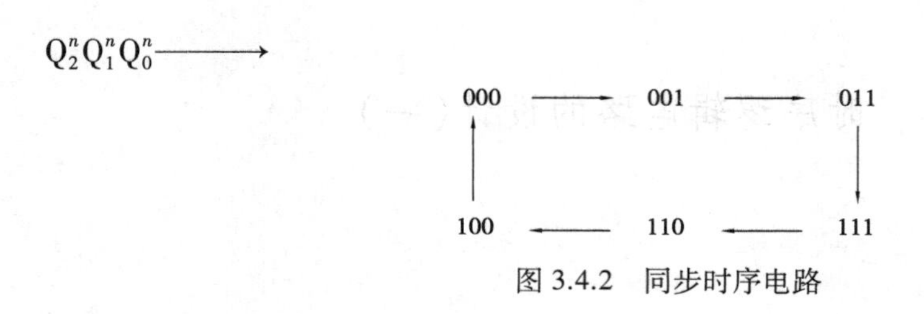

图 3.4.2　同步时序电路

五、设计方案与提示

1.JK 触发器 74LS112

1)集成电路外引线图、逻辑符号和功能图

JK 触发器 74LS112 集成电路的外引线图、逻辑符号和功能图如图 3.4.3 所示。

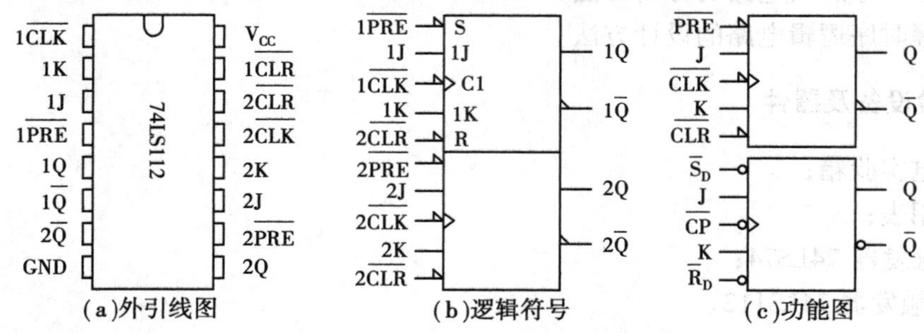

图 3.4.3　双下降沿 JK 触发器 74LS112 的引线图、逻辑符号和功能图

2)引脚功能说明

- 复位端(置零):$\overline{CLR}$低电平有效;
- 置位端(置 1):$\overline{PRE}$低电平有效;
- 时钟端:CLK(也可以用 CP 表示),上升沿有效;
- 数据端:J 端、K 端;
- 输出端:Q,$\overline{Q}$。

2.异步时序逻辑电路的一般设计方法

(1)确定触发器的个数;

(2)确定触发器的置位数。

3.同步时序逻辑电路的一般设计方法

(1)由给定的逻辑功能求出原始状态转移图;

(2)化简原始状态图,使状态数最少;

(3)对状态进行编码,并画出编码形式的状态转换表及状态转移图;

(4)选择触发器的类型及个数;

(5)用次态卡诺图求电路的输出方程及各触发器的驱动方程;

(6)根据输出方程、驱动方程画出设计的逻辑电路,并检查自启动能力。

六、设计报告要求

(1)认真填写“实验名称”“班级”“姓名”“学号”“实验日期”“同组人”等实验信息。

(2)通过预习,在实验报告上完成“实验目的”“实验原理及实验电路”“实验步骤”内容的整理和书写。

(3)认真、真实地整理并记录实验数据。

(4)根据实验数据对实验进行总结,并写出对本次实验的心得体会及建议。

3.5　时序逻辑电路的设计(二)

一、预习内容

(1)熟悉各类触发器的芯片引脚及其逻辑功能;

(2)列出设计电路所需芯片清单,标出引脚(查阅附录2),写出对应的逻辑功能。

二、实验目的

(1)掌握时序逻辑电路的分析方法;

(2)掌握时序逻辑电路的设计方法。

三、实验设备及器件

(1)数电实验箱;

(2)万用表;

(3)D触发器 74LS74;

(4)JK触发器 74LS112。

(5)计数器 74LS160。

(6)计数器 74LS161。

四、设计任务与要求

1.分析时序逻辑电路功能

时序逻辑电路如图3.5.1所示。该计数电路时钟输入端连接“单脉冲”,K1,K2,K3选择“逻辑开关”,Q_B,Q_A 连接“状态指示灯”。分析该时序逻辑电路,并将分析结果填入表3.5.1中。

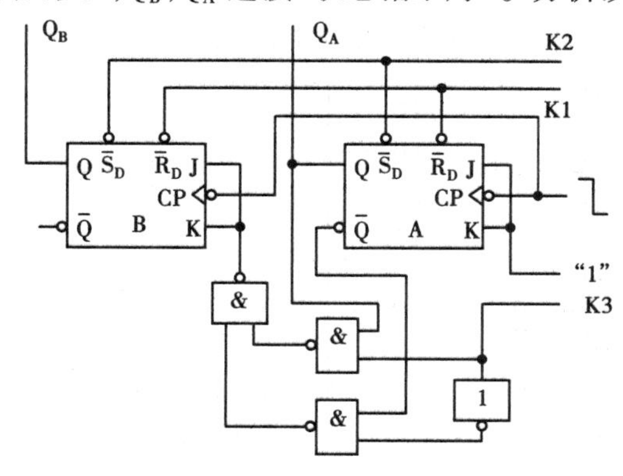

图3.5.1　二位同步二进制可逆计算器电路图

表3.5.1　功能测试表

CP	K3=1		K3=0	
	Q_B	Q_A	Q_B	Q_A
初 态	0	0	1	1
↓				
↓				
↓				
↓				

2.设计电路

(1)设计一个七进制计数器。

①采用集成电路芯片 74LS161,用反馈清零法实现并使用显示译码器和数码管显示当前值;

②采用集成电路芯片 74LS161,用同步置数法实现并使用显示译码器和数码管显示当前值。

(2)设计一个六十进制计数器。

①采用集成电路芯片 74LS160,用反馈清零法实现并使用显示译码器和数码管显示当前值;

②采用集成电路芯片 74LS160,用同步置数法实现并使用显示译码器和数码管显示当前值。

(3)设计一个脉冲序列发生器,使之在一系列 CP 信号作用下,其输出端能周期性地输出 00101101 的脉冲序列。

五、设计方案与提示

集成计数器是应用最为广泛的数字集成电路,它不仅可以用来记录脉冲个数,还可以用于分频、程序控制及逻辑控制。其内部基本单元是带记忆功能的触发器,属时序电路。表 3.5.2 所示为常用集成计数器组成及基本功能。

表 3.5.2 常用集成计数器组成及基本功能

计数器分类	输出状态数	计数方式	清零方式	置数方式	引脚功能组成
二进制计数器	十六个	加法计数、可逆计数	异步清零、同步清零	异步置数、同步置数	数据输入端、逻辑输入端、数据输出端、进位输出端、借位输出端
二—五—十进制计数器	二、五、十个				
十进制计数器	十个				

常用的集成计数器有十进制计数器、二进制计数器,分为加法计数器、可逆计数器。大部分计数器都具有相同或相似的功能,区别在于实现功能的操作方法不同,如“清零”操作有同步、异步之分,“置数”操作也有同步、异步之分。进位输出信号、借位输出信号的电平、宽度、相位也有一些差异,这决定了计数器的级联方式。

1.二进制同步加法计数器 74LS161 功能测试

1)集成电路外引线图、逻辑符号和功能图

二进制同步加法计数器 74LS161 集成电路的外引线图、逻辑符号和功能图如图 3.5.2 所示。

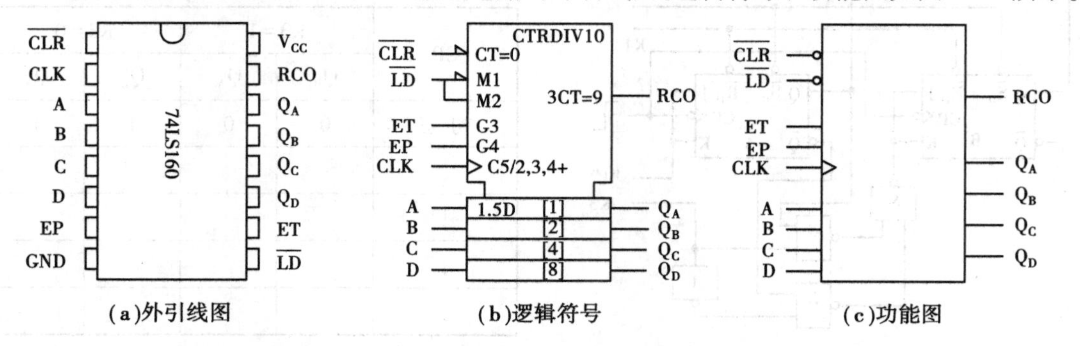

图 3.5.2 二进制同步加法计数器 74LS160 的外引线图、逻辑符号及功能图

2)引脚功能说明

74LS161 是一种通用型中规模集成二进制同步加法计数器,相似功能器件有 74LS160(十进制)。74LS161 时钟信号上升沿有效,异步清零,同步置数。其设有 D,C,B,A 4 个数据输入端,逻辑输入端为时钟输入 CLK,清零端为$\overline{CLR}$,使能输入端为 EP,ET,置数端为$\overline{LD}$,数据输出端为 Q_D,Q_C,Q_B,Q_A,进位信号输出端为 RCO。

①$\overline{CLR}$:异步清零端(也可用$\overline{R_D}$或$\overline{C_r}$表示),低电平有效。当$\overline{CLR}=0$ 时,$Q_D=Q_C=Q_B=Q_A=0$。

②$\overline{LD}$:置数端,配合输入数据 D,C,B,A 预置计数器初态。当$\overline{LD}=0$ 时,时钟信号上升沿到达时置数有效,这种置数操作法称为同步置数法。

③EP,ET:使能输入端(也可用 ENP,ENT 或 S1,S2 表示)。当 EP = 0 或 ET = 0、EP = ET = 0 时,计数禁止,计数器处于暂停状态。

④RCO:进位信号输出端,输出高电平信号,时间对应时钟最末周期宽度。

⑤计数状态:$\overline{CLR}=\overline{LD}=EP=ET=1$ 。

3)计数功能测试

(1)观察$\overline{CLR}$实现清零功能,EP,ET 实现计数禁止功能。

(2)在清零状态下($\overline{CLR}=0$),作用第一个时钟脉冲,观察计数器输出状态是否变化。

(3)在计数禁止状态下(EP = ET = 0),作用第二、第三个时钟脉冲,观察计数器输出状态是否变化。

(4)此后$\overline{CLR}=$ EP = ET = 0,连续作用时钟信号,观察输出状态变化。

按图 3.5.3 所示电路实现二进制集成计数器 74LS161 功能测试,并将测试结果填入表 3.5.3 中。

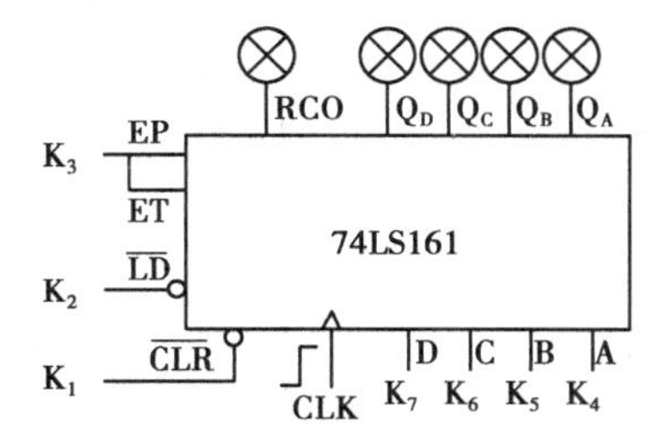

图 3.5.3　集成计数器 74LS161 电路

表 3.5.3　集成计数器 74LS161 功能测试表

CLK			QD	QC	QB	QA	RCO	十进制数	状态
初　态			0	0	0	0	0	0	
K1 置于“0”		↑							
		↑							
K1 =“1”	K3:“0”	↑							
		↑							
	K3:“1”	↑							
		↑							
		↑							

续表

CLK			QD	QC	QB	QA	RCO	十进制数	状态
初　态			0	0	0	0	0	0	
K1 = “1”	K3:“1”	↑							
		↑							
		↑							
		↑							
		↑							
		↑							
		↑							
		↑							
		↑							
		↑							
		↑							

2.二进制同步加法计数器 74LS161 采用反馈清零法实现六进制

二进制同步计数器 74LS161 设计计数长度从 0—9 共十个状态,但是在一些实际应用中,有时并不需要计数器循环工作在这十六个状态中,如数字钟的“秒计时”“分计时”需要六进制。改变计数长度,选择前面的状态进行循环计数,这种计数方式需要用反馈清零法(N 进制)实现电路功能。按图 3.5.4 所示电路实现六进制计数功能测试,并将测试结果填入表3.5.3中。

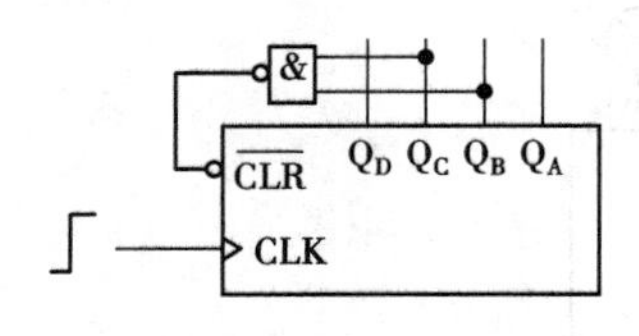

图 3.5.4　六进制计数电路

表 3.5.4　功能测试表

CLK	Q_D	Q_C	Q_B	Q_A	十进制数
初态	0	0	0	0	0
↑					
↑					
↑					
↑					
↑					
↑					

3.二进制同步加法计数器 74LS161 采用同步置数法实现六进制

六进制计数功能测试电路如图 3.5.5 所示,读取计数器输出状态 0101,转化为置数电平(预置“0000”),实现六进制循环计数。

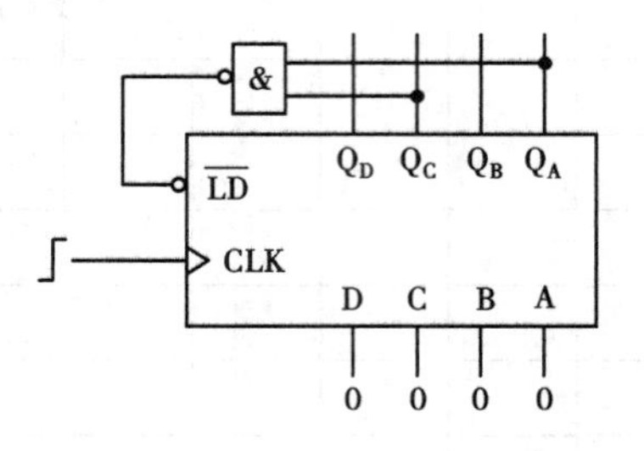

图 3.5.5　六进制循环计数

六、设计报告要求

(1)认真填写"实验名称""班级""姓名""学号""实验日期""同组人"等实验信息。

(2)通过预习,在实验报告上完成"实验目的""实验原理及实验电路""实验步骤"内容的整理和书写。

(3)认真、真实地整理并记录实验数据。

(4)根据实验数据对实验进行总结,并写出对本次实验的心得体会及建议。

3.6　555集成定时器与应用

一、实验目的

(1)了解555时基集成电路的特点及工作原理;

(2)掌握基本应用电路。

二、实验设备及器件

(1)逻辑实验箱及功能扩展板;

(2)万用表;

(3)555时基集成电路。

三、555时基集成电路的逻辑组成与工作原理

1.555时基集成电路(双结型)内部组成

(1)由三只电阻构成两个电压基准:$1/3V_{CC}$,$2/3V_{CC}$;

(2)含A_1,A_2两个电压比较器;

(3)一个基本RS触发器;

(4)一只三极管作放电回路。

由此看出:555时基集成电路的输入级由模拟电路组成,输出级由数字电路组成,且作用于输入端的信号可以是模拟信号,也可以是数字信号,输出数字信号。

2.555时基集成电路外引线图、内部功能图、工作波形

555时基集成电路的引线图、内部功能图、工作波形图如图3.6.1所示。

3.引脚功能说明

- 1脚:GND;
- 2脚:低电平触发端$\overline{TL}$,与$1/3V_{CC}$电压基准、A_2组成低电平比较器;
- 3脚:输出"OUT";
- 4脚:复位"$\overline{R_D}$";

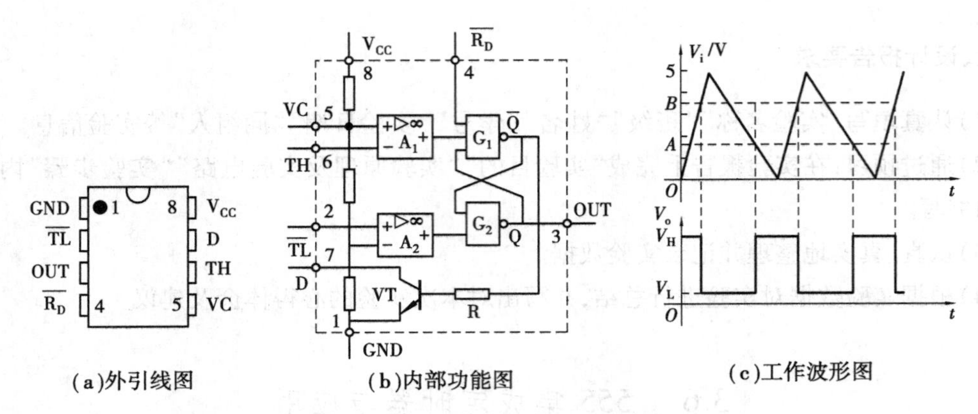

(a)外引线图　(b)内部功能图　(c)工作波形图

图 3.6.1　555 时基集成电路的外引线图、内部功能图、工作波形图

- 5 脚:控制“VC”(改变基准电压值);
- 6 脚:阈值“TH”,与 $2/3V_{CC}$电压基准、A_1 组成高电平比较器;
- 7 脚:放电“D”;
- 8 脚:电源“V_{CC}”。

4.功能表

555 时基集成电路的外引线功能见表 3.6.1。

表 3.6.1

$\overline{R_D}$	$\overline{TL}$	TH	OUT
H	$\leqslant 1/3V_{CC}$	×	H
H	$\geqslant 1/3V_{CC}$	$\geqslant 2/3V_{CC}$	L
H	$\geqslant 1/3V_{CC}$	$\leqslant 2/3V_{CC}$	保持
L	×	×	L

注:“×”表示可为任意电平。

四、实验内容及步骤

1.组成单稳态触发器

单稳态触发器也称定时器,其定时时间为 t_W,电路图如图 3.6.2 所示,波形图如图 3.6.3 所示。

单稳态电路有两种状态:一种是稳态,即电路未被触发,可以持续保持,555 电路内部放电三极管导通,外部电路+5 V→R→C 构成的充电通路无法对电容 C 进行充电,此时输出状态为低电平。另一种是暂稳态,即电路被触发,这种状态只能暂时维持,当幅度低于 $1/3V_{CC}$的信号作用于输入端$\overline{TL}$时,电路被触发,输出跳变为高电平,555 电路内部放电通路三极管截止。+5 V 电源经电阻 R 对电容 C 进行充电,当电容 C 上的电压 V_C充到 $2/3V_{CC}$时,电路的状态将发生翻转,从暂态变回稳态,输出又跳变为低电平。同时 555 电路内部放电通路三极管导通,电容 C

上的电压被迅速放掉。这就是一个完整的触发过程。暂稳态维持时间 $t_W \approx 1.1RC$。

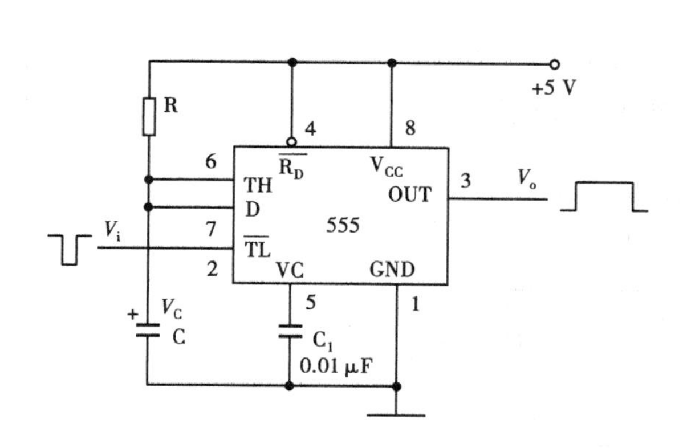

图 3.6.2　单稳态触发器电路图

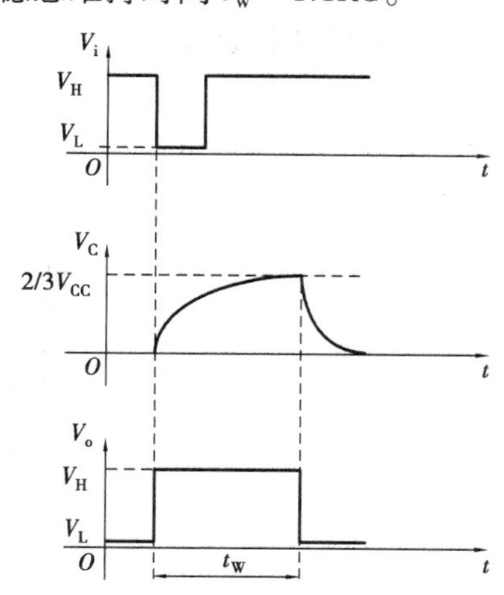

图 3.6.3　单稳态触发器波形图

在这种触发电路中，当输入触发脉冲的宽度大于 t_W 时，就会出现重复触发现象。在 V_i 与输入端$\overline{TL}$之间串接一只 0.1 μF 的电容，就能避免重复触发现象发生。按表 3.6.2 改变定时电容，定性比较电容容量与暂态时间的关系。

表 3.6.2　电容容量与暂态时间的关系

R/Ω	$C/\mu F$	定性比较暂态时间 t_{W1}，t_{W2}
1 M	1	
1 M	10	

2.组成多谐振荡器

多谐振荡器的电路图如图 3.6.4 所示，波形图如图 3.6.5 所示。

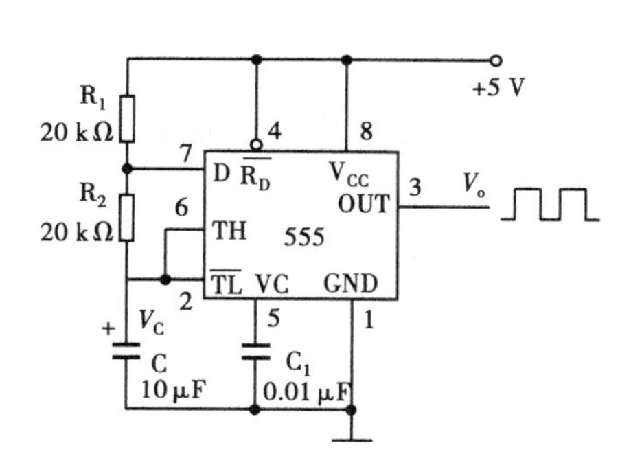

图 3.6.4　多谐振荡器电路图

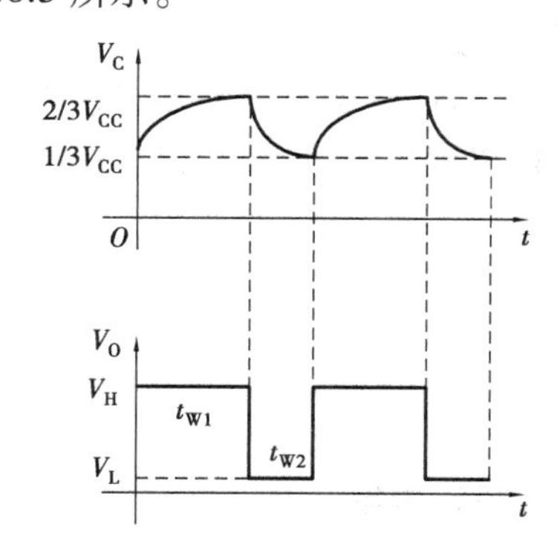

图 3.6.5　多谐振荡器

将 555 时基电路的两个输入端$\overline{TL}$，TH 连在一起，与时间电容 C 相连，利用内部低电压、高电压比较器，将时间电容 C 上充电电压限制在 $1/3V_{CC}$到 $2/3V_{CC}$之间，形成充电、放电的循环过程，构成多谐振荡。

充电时间 $t_{W1} \approx 0.7(R_1+R_2)C$，放电时间 $t_{W2} \approx 0.7R_2C$，振荡周期 $T=t_{W1}+t_{W2}$。

3.占空比可调多谐振荡器

占空比可调多谐振荡器的电路图如图 3.6.6 所示。利用二极管的单向导电性，将多谐振荡电路中充电回路与放电回路分离开，当两条支路的电阻相等时，$T_{充}=T_{放}$，输出方波信号，占空比为 50%。

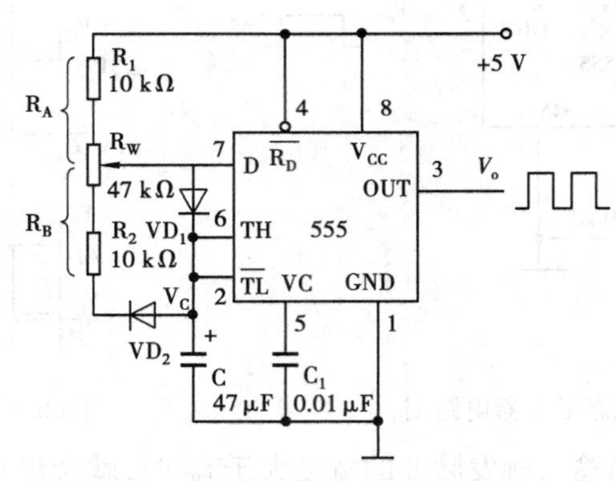

图 3.6.6　占空比可调多谐振荡器

- 充电回路：+5 V→R_A→D_1→C；
- 放电回路：C→D_2→R_B→内部放电通路。

调节 R_W 改变充、放电回路中的电阻即可改变占空比。

$$T_{充} \approx 0.7R_AC$$

$$T_{放} \approx 0.7R_BCT=T_{充}+T_{放} \approx 0.7C(R_A+R_B)$$

五、撰写实验报告

(1)认真填写“实验名称”“班级”“姓名”“学号”“实验日期”“同组人”等实验信息。

(2)通过预习，在实验报告上完成“实验目的”“实验原理及实验电路”“实验步骤”内容的整理和书写。

(3)认真、真实地整理并记录实验数据。

(4)根据实验数据对实验进行总结，并写出对本次实验的心得体会及建议。

3.7　A/D、D/A 转换器

一、预习内容

(1)预习实验板各单元布局及信号端口、功能开关操作方法；

(2)设计实验电路，当 A/D 转换器时钟信号频率为 500 kHz 时，完成“数据转换时间 T”的计算、测试；

提示：T 与时钟信号 CLK 的周期有关，与转换启动信号 ST 的周期、占空比有关。

(3)设计实验电路，在保证 A/D 转换器正常工作的情况下，测试所需 ST 最窄的宽度。

二、实验目的

(1)掌握 A/D 转换器 ADC0809 逻辑功能测试的方法;

(2)掌握 D/A 转换器 DAC0832 逻辑功能测试的方法。

三、实验设备及器件

(1)数电实验箱;

(2)万用表;

(3)A/D 转换器 ADC0809;

(4)D/A 转换器 DAC0832。

四、ADC0809 功能

1.主要指标和特性

①分辨率:8 位(1/256)。

②模拟输入电压范围:单极性 0~5 V;双极性-5~+5 V。

③转换时间:时钟 CLK=500 kHz 时,$T_{CONV}\approx 128\ \mu s$。

④总的不可调误差:±1LSB。

⑤输入模拟量选通地址锁存功能。

2.集成电路原理框图

ADC0809 集成电路原理框图如图 3.7.1 所示。

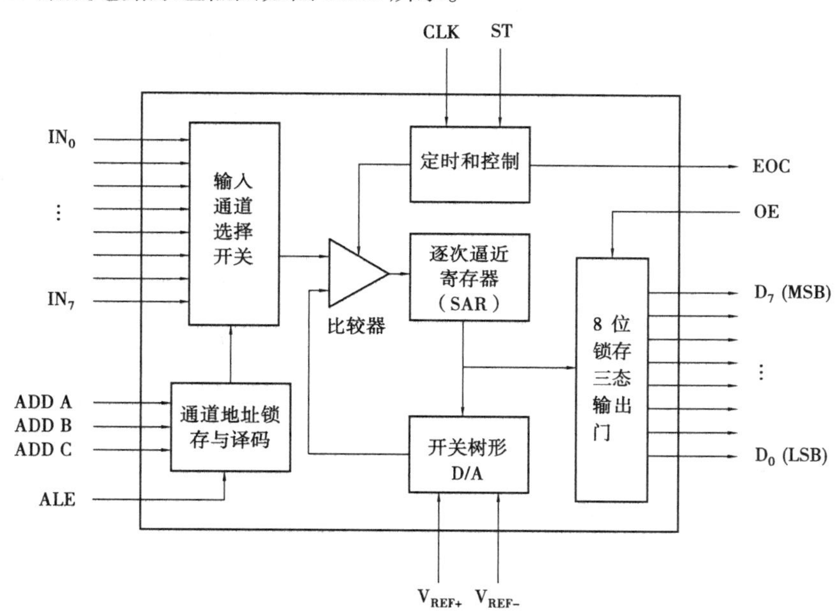

图 3.7.1　ADC0809 集成电路原理框图

3.集成电路逻辑图与封装图

ADC0809 集成电路逻辑图与封装图如图 3.7.2 所示。

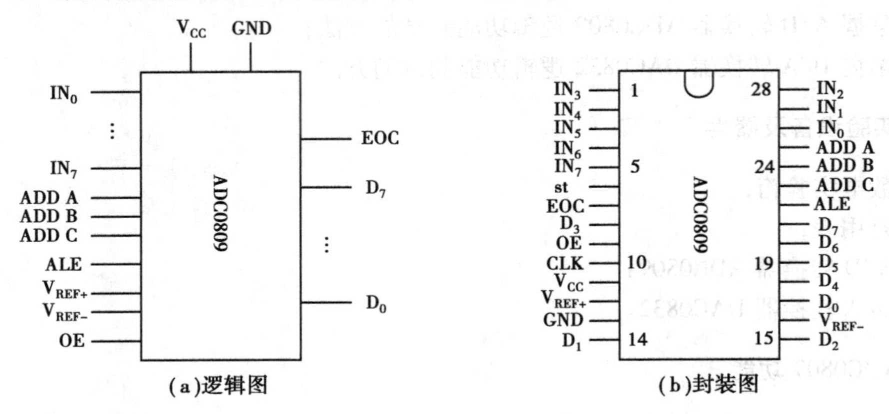

图 3.7.2　ADC0809 集成电路逻辑图与封装图

4.引脚功能

1)输入端

- 8 路模拟量输入端:IN_0—IN_7;
- 8 路输入模拟量切换开关地址码:ADD C,ADD B,ADD A(二进制地址编码,从高到低依次为 CBA),如表 3.7.1 所示;

表 3.7.1

地址码			选通传输信号
ADD C	ADD B	ADD A	
0	0	0	IN_0
0	0	1	IN_1
0	1	0	IN_2
0	1	1	IN_3
1	0	0	IN_4
1	0	1	IN_5
1	1	0	IN_6
1	1	1	IN_7

- 基准电压输入:V_{REF+},V_{REF-};
- 地址码锁存信号输入:ALE;
- 时钟信号输入:CLK;
- A/D 转换启动信号:ST;
- 输出信号允许传送:OE。

2)输出端

- 8 位数字信号输出:D_0—D_7;
- AD 转换结束提示信号:EOC。

表 3.7.2 所示为 ADC0809 的引脚功能及操作要求。

表 3.7.2　ADC0809 引脚功能及操作要求

引脚符号	引脚功能	操作要求
IN_0—IN_7	8 路模拟信号输入端	单极性输入量 0~5 V,双极性输入量-5~+5 V,幅值稳定,最大输入量应小于基准电压
ADD C、ADD B、ADD A	地址码输入(CBA)	地址码 CBA 范围:000—111;对应选通输入通道:IN_0,…,IN_7
V_{REF+}、V_{REF-}	基准电压(参考电压)	单极性输入量:0~5 V,V_{REF-}接地;双极性输入量:V_{REF+}接+5V,V_{REF-}接-5 V
ALE	地址码锁存信号输入	地址码锁存信号:上升沿到达,将当前给定的"第一个"地址码信号锁存于地址码寄存器,同时按二进制译码选通相应输入通道。 ①给定地址码 CBA→给定锁存信号 ALE="↑"→锁存当前地址码信号; ②当锁存信号 ALE 持续"1"或"0"状态时,改变地址码 CBA 不能进行通道切换
CLK	时钟信号输入	ADC0809 片内无时钟震荡源,需外接时钟信号作为转换定时时钟,建议最高频率为 640 kHz;时钟信号频率决定"一次"转换时间,当 CLK=500 kHz 时,实际一次转换时间约为 138 μs
ST	A/D 转换启动信号	该信号为正脉冲,上升沿到达时清除内部所有寄存器原有数据,下降沿到达时,当前数据转换开始
OE	输出信号允许传送、控制信号	当 OE=1 时,允许转换后的数据经内部三态门传送到数据总线;当 OE=0 时,8 位数字信号输出高阻状态
D_0—D_7	8 位数字信号输出	8 位数字信号输出
EOC	转换结束提示信号	信号完成转换后,输出高电平提示信号

五、DAC0832 功能

1.框图及集成电路封装图

DAC0832 的框图和封装图如图 3.7.3 所示。

2.芯片引脚功能解读

- D_0—D_7:8 位数据输入线,TTL 电平,信号保持有效时间应大于 90 ns;
- ILE:数据锁存允许控制信号输入线,高电平有效;
- $\overline{CS}$:片选信号输入线(选通数据锁存器),低电平有效;
- $\overline{WR1}$:数据锁存器写选通输入线,负脉冲(脉宽应大于 500 ns)有效。由 ILE,$\overline{CS}$,$\overline{WR1}$的逻辑组合产生 LE1,当 LE1 为高电平时,数据锁存器状态随输入数据线变换,LE1 负跳变时将输入数据锁存;
- $\overline{XFER}$:数据传输控制信号输入线,低电平有效,负脉冲(脉宽应大于 500 ns)有效;

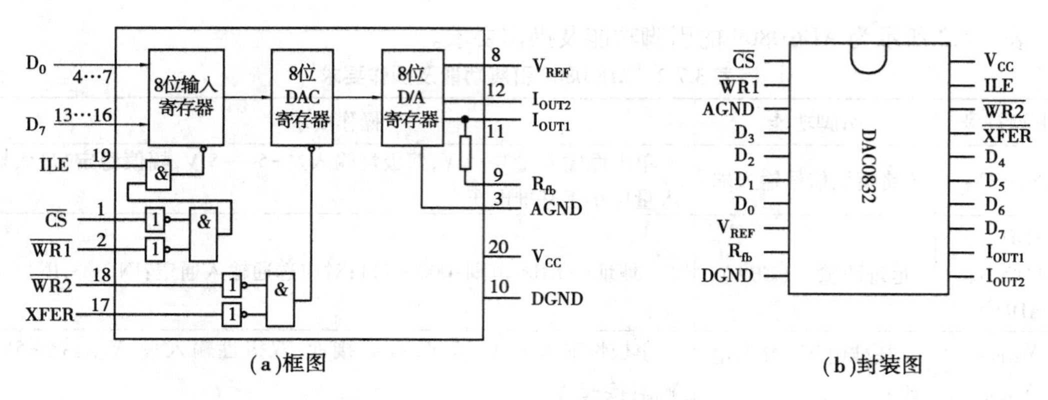

图 3.7.3　DAC0832 的框图与封装图

- $\overline{WR2}$:DAC 寄存器选通输入线,负脉冲(脉宽应大于 500 ns)有效。由$\overline{WR2}$,$\overline{XFER}$的逻辑组合产生 LE2,当 LE2 为高电平时,DAC 寄存器的输出随寄存器的输入而变化,LE2 负跳变时将数据锁存器的内容打入 DAC 寄存器,并开始 D/A 转换。
- I_{OUT1}:电流输出端 1,其值随 DAC 寄存器的内容线性变化;
- I_{OUT2}:电流输出端 2,其值与 I_{OUT1} 值之和为一常数;
- R_{fb}:反馈信号输入线,改变 R_{fb} 端外接电阻值可调整转换满量程精度;
- V_{CC}:电源输入端,V_{CC} 的范围为+5~+15V;
- V_{REF}:基准电压输入线,VREF 的范围为-10~+10V;
- AGND:模拟信号地;
- DGND:数字信号地。

六、ADC0809/DAC0832 实验板布局及操作说明

1.实验板布局图

ADC0809/DAC0832 实验板布局图如图 3.7.4 所示。

2.各功能端口说明

(1)ADC0809 低两位模拟量输入端 A1(IN_0)、A2(IN_1):芯片有(IN_0—IN_7)8 个模拟量输入端,实验电路板仅选用 IN_0,IN_1,其余输入端已接地。实验操作中该端口输入直流电压信号。

(2)ADC0809 低位地址码 A 选择开关 K16:地址码高两位 C,B 已接地。开关拨下,地址码为“000”, 选择输入信号 A1(IN_0);开关拨上,地址码为“001”,选择输入信号 A2(IN_1)。

(3)ADC0809 8 位数字信号传输控制(OE):OE =“1”状态,允许数据传输;OE =0,禁止数据传输,此时 D_7—D_0 输出处于高阻状态(现象是:D_7—D_0 为“00000000”输出,但是它不代表一种输出状态,我们可以通过测试输出端电压值仔细比较)。

(4)连续脉冲信号启动转换输入端:对应芯片引脚功能符号 ST。

(5)启动转换信号方式选择(K14):开关拨上选择连续脉冲信号,拨下选择单个脉冲信号。

(6)单脉冲信号启动转换生成电路(K13,CC4011)

ST:A/D 启动转换信号输入端,一种方式是连续脉冲信号控制,对输入模拟量自行读取、转换、传输,周而复始。这种方式由外部脉冲信号或电路系统信号来控制。另一种方式是用单脉冲信号控制,发送一个脉冲信号仅能进行一次读取、转换。

如果我们将输入模拟量固定不变,ADC0809 时钟信号频率固定,设置一个符合当前工作

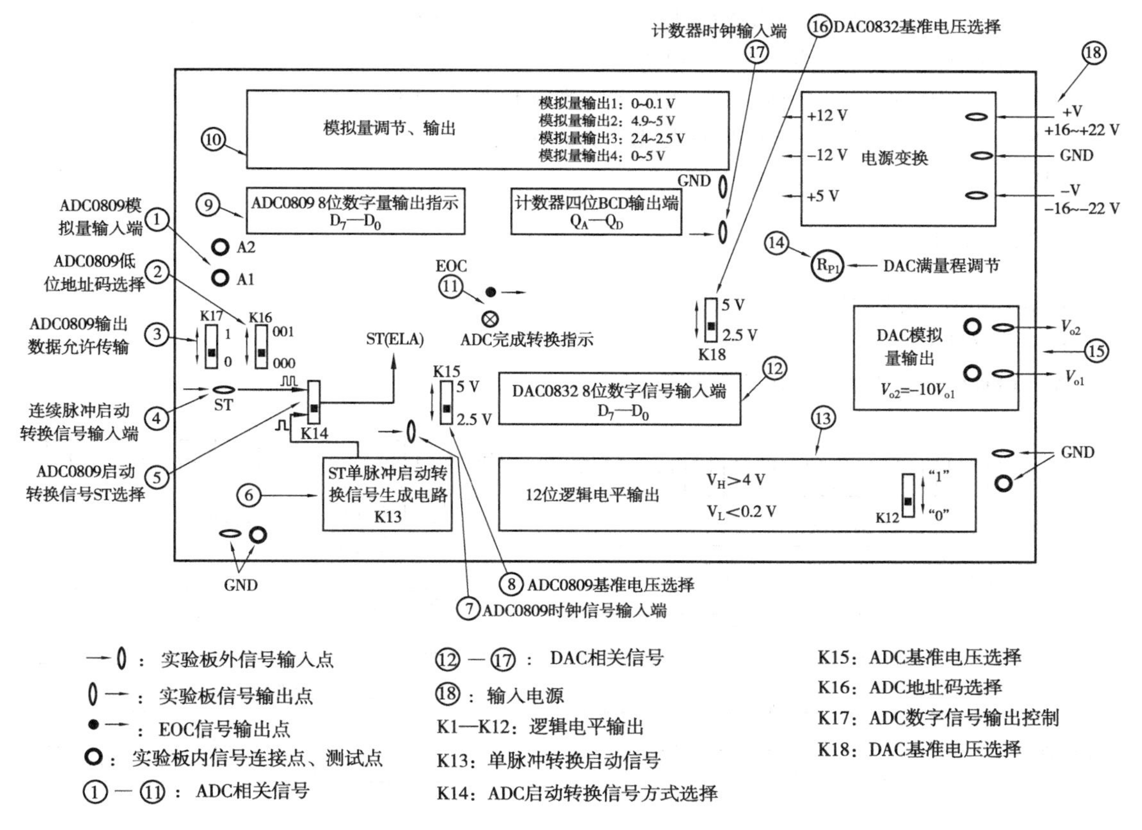

图 3.7.4　ADC0809/DAC0832 实验板布局图

状态的连续脉冲信号（ST 信号：正脉宽的宽度、负脉宽的宽度）启动转换，用示波器就能很容易地读出完成一次“转换”的时间。

（7）ADC0809 时钟信号输入端：该信号频率低，转换时间长，反之转换时间短。使用参数建议为 500 kHz。

（8）ADC0809 基准电压选择（K15）：选择 5 V 时，分辨力为 5 V/256（约 20 mV）；选择2.5 V 时，分辨力为 2.5 V/256（约 10 mV）。

（9）ADC0809 8 位数字量输出（ADC out）：D_7—D_0。

（10）4 组模拟量调节输出：模拟量 1 为 0~0.1 V；模拟量 2 为 4.9~5 V；模拟量 3 为 2.4~2.6 V；模拟量 4 为 0~5 V。

（11）ADC0809 完成转换提示信号输出 EOC：转换期间输出“0”状态，转换结束输出“1”状态。

（12）DAC0832 8 位数字量输入（DAC in）：D_7—D_0。

（13）12 位逻辑电平输出：设定 DAC0832 输入端给定信号。

（14）DAC0832 满量程输出修正电位器 R_{p1}：输入“11111111”状态时，调节 R_{p1}，使输出模拟量 $V_{o1}=-V_{REF}$。

（15）DAC0832 模拟量输出端（DAC out）：V_{o1} 模拟量输出端，V_{o2} 是 V_{o1} 经反相比例放大 10 倍后的输出，$V_{o2}=-10V_{o1}$。

(16)DAC0832 基准电压选择(K18):选择 5 V 时,分辨力为 5 V/256(约 20 mV);选择 2.5 V时,分辨力为 2.5 V/256(约 10 mV)。

(17)CC40192 时钟信号输入端:四位动态数字信号生成 $Q_DQ_CQ_BQ_A$。

(18)实验板电源输入:双电源输入,DC 为±16~±22 V。

(19)GND:实验电路板参考点。

七、实验内容

1.ADC0809 功能测试

1)工作时序图

ADC0809 工作时序图如图 3.7.5 所示。

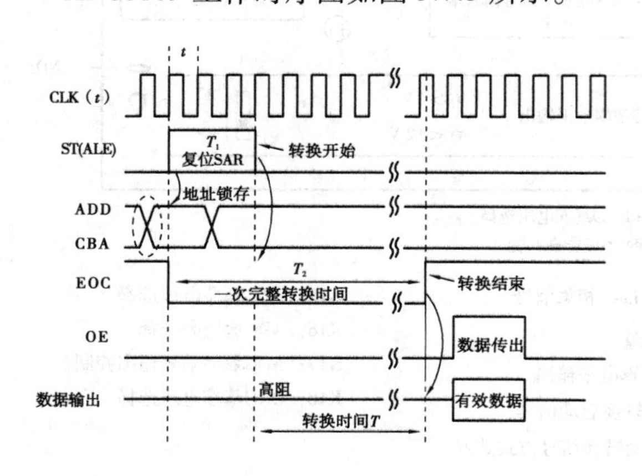

(a)ST,ALE采用同一脉冲信号控制

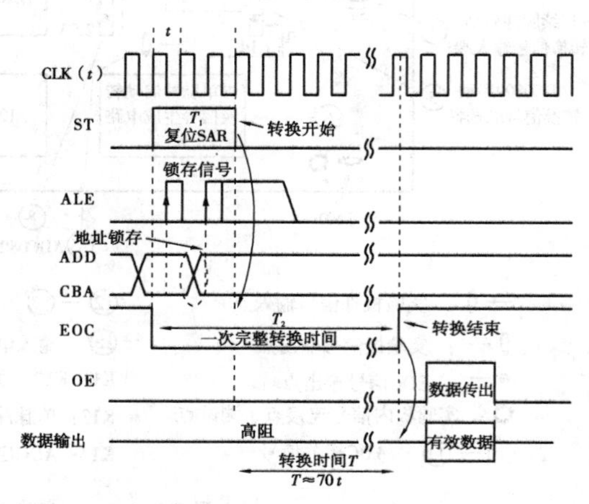

(b)ST,ALE采用两个脉冲信号控制

图 3.7.5 ADC0809 工作时序图

2)功能测试电路

ADC0809 功能测试电路如图 3.7.6 所示。实验电路板上,ST,ALE 采用同一脉冲信号控制。

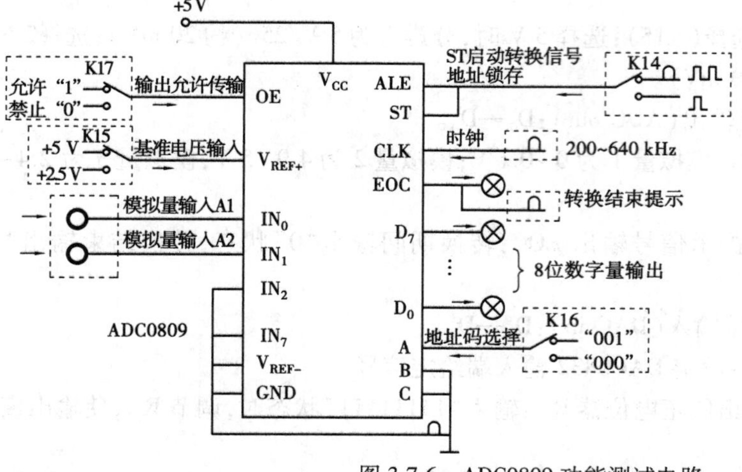

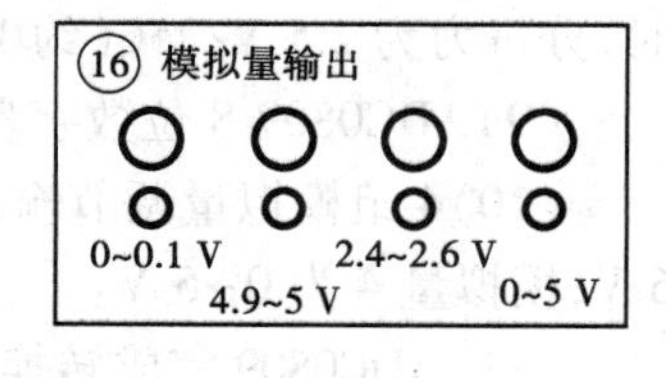

图 3.7.6 ADC0809 功能测试电路

（1）A/D 转换功能测试

ADC0809 转换功能测试表见表 3.7.3。

表 3.7.3　ADC0809 转换功能测试表

测试条件：
1.选择 A1 为模拟量输入端，模拟量输入端 A2 接地；
2.地址码开关 K16 拨下，选择“000”；
3.开关 K15 拨上，基准电压选择 5 V；
4.ST 手动方式启动 AD 转换（开关 K14 拨下，K13 控制单脉冲信号输出）；
5.ADC 时钟信号频率为 500 kHz，幅度为 4 V；
6.按表格要求设置 OE 状态（K17 拨上为“1”状态，拨下为“0”状态）

测试序号	输入模拟量/V	输出信号允许传送 OE	$D_7D_6D_5D_4D_3D_2D_1D_0$	转换完成提示信号（EOC）	测试 D_0 电压值/V	转换数据能否输出
1	0	0				
2	0.01					
3	0.02					
4	0	1				
5	0.01					
6	0.02					
7	0.03					
8	2.485					
9	2.5					
10	2.51					
11	4.94					
12	4.95					
13	4.96					
14	4.97					
15	5					

（2）A/D 转换器分辨力测试

A/D 转换器分辨力测试见表 3.7.4。

表 3.7.4　A/D 转换器分辨力测试

测试条件：
1.选择 A1 为模拟量输入端，模拟量输入端 A2 接地；
2.地址码开关 K16 拨下，选择“000”；
3.开关 K15 拨上，基准电压选择 5 V；
4.ST 选用连续脉冲（开关 K14 拨上），信号周期 500 μs，正脉宽 100 μs，幅度为 4 V；
5.设定 ADC 时钟信号频率为 500 kHz，幅度为 4 V；
6.开关 K15 拨上，OE＝1；
7.按表格测试序号设置模拟输入量，读出的 8 位数字信号应与表格给定输出状态一致，在 8 位数字信号保持不变的条件下，微调模拟输入量，测出输入模拟量的变化范围：$\Delta V=V_{max}-V_{min}$

测试序号	输入模拟量/V	$D_7D_6D_5D_4D_3D_2D_1D_0$ OE＝1	输入模拟量范围		分辨力
			V_{min}	V_{max}	ΔV
1	0.06	0 0 0 0 0 0 1 1			
2	1.3	0 1 0 0 0 0 1 1			
3	2.5	1 0 0 0 0 0 0 0			
4	3.81	1 1 0 0 0 0 1 1			
5	4.9	1 1 1 1 1 0 1 1			

测试条件：
1.选择 A1 为模拟量输入端，模拟量输入端 A2 接地；
2.地址码开关 K16 拨上，选择“000”；
3.开关 K15 拨下，基准电压选择 2.5 V；
4.ST 选用连续脉冲（开关 K14 拨上），信号周期为 500 μs，正脉宽为 100 μs，幅度为 4 V；
5.开关 K15 拨上，OE＝1；
6.按表格测试序号设置模拟输入量，读出的 8 位数字信号应与表格给定输出状态一致，在 8 位数字信号保持不变的条件下，微调模拟输入量，测出输入模拟量的变化范围：$\Delta V=V_{max}-V_{min}$

测试序号	输入模拟量/V	$D_7D_6D_5D_4D_3D_2D_1D_0$ （OE＝1）	输入模拟量范围		分辨力
			V_{min}/V	V_{max}/V	ΔV
1	0.06	0 0 0 0 0 1 1 0			
2	2.5	1 1 1 1 1 1 1 1			

（3）A/D 转换的时间关系测试

时钟信号频率：可在规定范围内改变设定（f<640 kHz）；

ST 启动转换信号周期：正脉宽 T_1、负脉宽，可设定；

完成一次转换时间 T_2：测量值（可计算）；

数据转换时间 T：计算值。

3）实例

时序图如图 3.7.7 所示。

信号设定条件如下：

- 时钟 CLK：频率为 500 kHz，周期为 2 μs；
- 转换启动信号 ST：周期为 500 μs，正脉宽 $T_1=100$ μs，负脉宽为 400 μs。

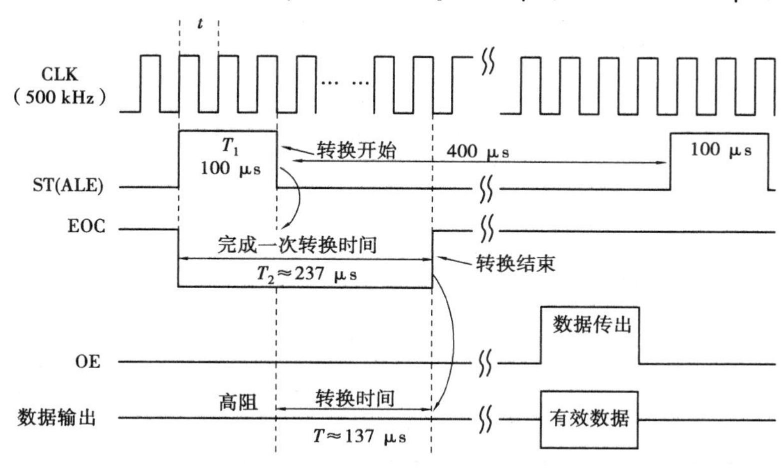

图 3.7.7　时序图

4）测试数据分析

完成一次转换的时间：实际测量值 $T_2\approx 237$ μs。

数据转换时间：

$$
\begin{aligned}
T &= T_2 - T_1 \\
&= 237\ \mu s - 100\ \mu s \\
&= 137\ \mu s
\end{aligned}
$$

表 3.7.5　ADC0809 功能测试表

测试条件：
1.选择 A1 为模拟量输入端，输入直流电压 2.5 V，模拟量输入端 A2 接地；
2.地址码开关 K16 拨下，选择“000”；
3.开关 K15 拨上，基准电压选择 5 V；
4.每次测试条件应维持 8 位数字信号不变（10000000）；
5.ST 选用连续脉冲，周期为 500 μs，正脉宽按表格要求设置；
6.ADC 时钟信号频率为 500 kHz，幅度为 4 V

模拟量/V	正确输出数字量	时钟 CLK		ST 启动信号正脉宽 T_1/μs	EOC 完成一次转换的时间 T_2/μs	转换时间 T/μs	T/t
		频率/kHz	周期/μs				
2.5	10000000	640	1.56	20			
				100			
		500	2	20			

续表

模拟量/V	正确输出数字量	时钟 CLK		ST 启动信号正脉宽 T_1/μs	EOC 完成一次转换的时间 T_2/μs	转换时间 T/μs	T/t
		频率/kHz	周期/μs				
				100			
		400	2.5	20			
				100			
		300	3.33	20			
				100			
		200	5	20			
				100			
		500	2	测试能够实现数据转换时所需 ST 信号负脉宽的最窄宽度 T=			

5）结论

（1）数据转换时间与时钟周期的关系：

$$T/t=137/2=68.5$$

（2）完成“一次转换”的时间为 T_2，包括 2 个时间段：a.转换启动信号 ST 正脉宽（T_1 期间）实现原有数据清除，地址码锁存；b.负脉宽期间实现数据转换（数据转换时间为 T）。

（3）表 3.7.5 中的数据转换时间 T 可视为 AD 最小转换时间，约等于 69 倍时钟信号周期。

（4）完成“一次转换”的时间 T_2：它与转换启动信号 ST 的周期、占空比有关，还与时钟信号周期有关。

（5）设定转换时间（ST 负脉宽），设定值小于最小转换时间 T，AD 就不能对输入模拟量进行数字转换。

6）三态数据输出传输特点

①并行传输：数据传输速度快，传输线多，控制简单，适合两态输出数字器件；

②串行传输（总线）：这种方式采用“分时”传送数据，传输速度慢，传输线少，控制较复杂，适合具有高速性能的三态输出数字器件，每组数据的传输时间增加了，但减少了数据线。

2.DAC0832 功能测试

CC40192 十进制计数器产生 0—9 的数字输入量，DAC0832 数模转换器将 0—9 的数字输入量转换成模拟量，该模拟量由 DAC0832 数模转换器的输出端 I_{OUT1} 和 I_{OUT2} 输出，再经运算放大器 LM258 将模拟信号放大，放大的模拟信号通过示波器显示出来。

1）DAC0832 基本功能测试

DAC0832 基本功能测试见表 3.7.6。

表 3.7.6　DAC0832 基本功能测试表

测试条件： 按顺序将逻辑电平端口连接在 DAC0832 输入端（DAC in）			
测试序号	$D_7D_6D_5D_4D_3D_2D_1D_0$	输出模拟量 V_{o1}/V（$V_{LEF}=5$ V）	输出模拟量 V_{o1}/V（$V_{LEF}=2.5$ V）
1	0 0 0 0 0 0 0 0		
2	0 0 0 0 0 0 0 1		
3	0 0 0 1 1 0 1 0		
4	0 0 1 1 0 0 1 1		
5	0 1 0 0 1 1 0 1		
6	0 1 1 0 0 1 1 0		
7	1 0 0 0 0 0 0 0		
8	1 0 0 1 1 0 1 0		
9	1 0 1 1 0 0 1 1		
10	1 1 0 0 1 1 0 0		
11	1 1 1 0 0 1 1 0		
12	1 1 1 1 1 1 1 1		

2）基本应用电路

图 3.7.8 所示为阶梯波发生器的电路图。

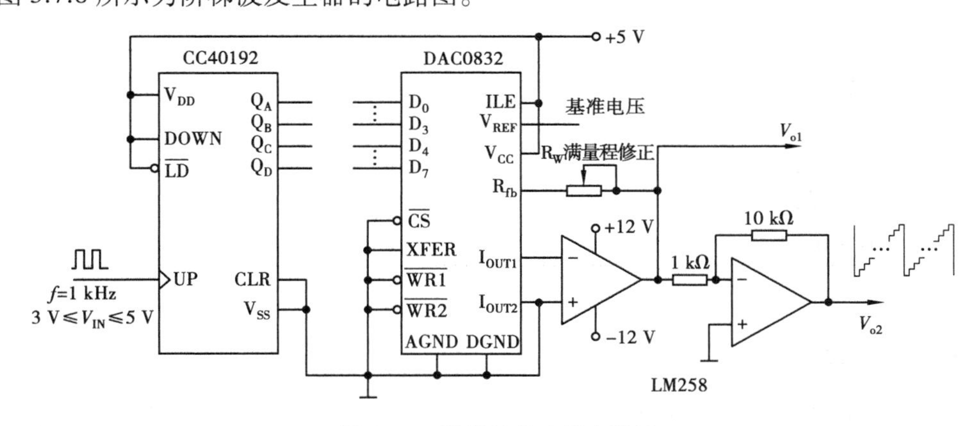

图 3.7.8　阶梯波发生器电路图

图 3.7.8 中 V_{o2}端输出的波形为阶梯波（图 3.7.9），其中，T 为一梯步时间长度；T_1 为阶梯波一个时间周期，H 为阶梯波每梯幅度。

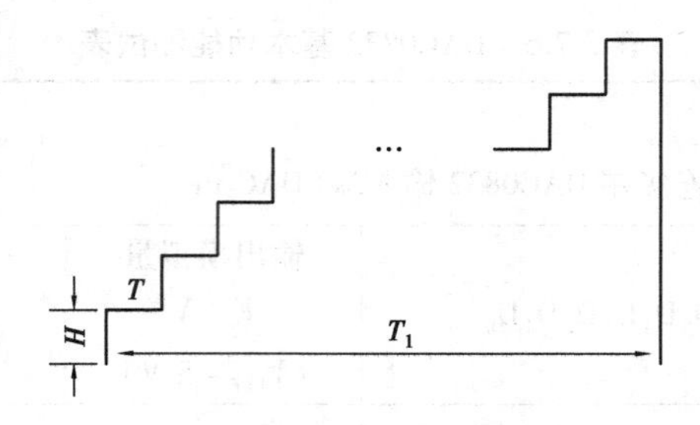

图 3.7.9 阶梯波发生器输出波形示意图

表 3.7.7 DAC0832 功能测试表

<table>
<tr><td colspan="7">测试条件:
1.CC40192 时钟信号频率为 1 kHz(T=1 ms),幅度为 4 V;
2.开关 K18 拨上,基准电压选择 5 V</td></tr>
<tr><td colspan="7">测试准备:
1.测试 DAC0832 基准电压实际值 V_{LEF} =__________;
2.满量程修正:设置输入量 D_7—D_0 为“1 1 1 1 1 1 1 1”,调节 R_{p1},使 V_{o1} 输出绝对值等于基准电压值 V_{LEF}</td></tr>
<tr><td>测试组</td><td>连线关系(DAC in)</td><td>V_{o2}阶梯波每梯幅度(近似值)H/mV</td><td>阶梯波每梯长度 T/ms</td><td>阶梯波周期长度 T_1/ms</td><td>阶梯波周期长度与时钟周期的关系 $T_1=NT$/ms</td><td>计数器计数长度 N(N 进制)</td></tr>
<tr><td rowspan="5">1</td><td>$Q_A \to D_0$</td><td rowspan="5"></td><td rowspan="5"></td><td rowspan="5"></td><td rowspan="5"></td><td rowspan="5"></td></tr>
<tr><td>$Q_B \to D_1$</td></tr>
<tr><td>$Q_C \to D_2$</td></tr>
<tr><td>$Q_D \to D_3$</td></tr>
<tr><td>$D_4=D_5=D_6=D_7=0$</td></tr>
<tr><td rowspan="5">2</td><td>$Q_A \to D_2$</td><td rowspan="5"></td><td rowspan="5"></td><td rowspan="5"></td><td rowspan="5"></td><td rowspan="5"></td></tr>
<tr><td>$Q_B \to D_3$</td></tr>
<tr><td>$Q_C \to D_4$</td></tr>
<tr><td>$Q_D \to D_5$</td></tr>
<tr><td>$D_0=D_1=D_6=D_7=0$</td></tr>
</table>

八、撰写实验报告

(1)认真填写“实验名称”“班级”“姓名”“学号”“实验日期”“同组人”等实验信息。

(2)通过预习,在实验报告上完成“实验目的”“实验原理及实验电路”“实验步骤”内容的整理和书写。

(3)认真、真实地整理并记录实验数据。

(4)根据实验数据对实验进行总结,并写出对本次实验的心得体会及建议。

附　录

附录1　数电实验箱基本单元组成及功能

数电实验箱基本单元组成如附图1所示。

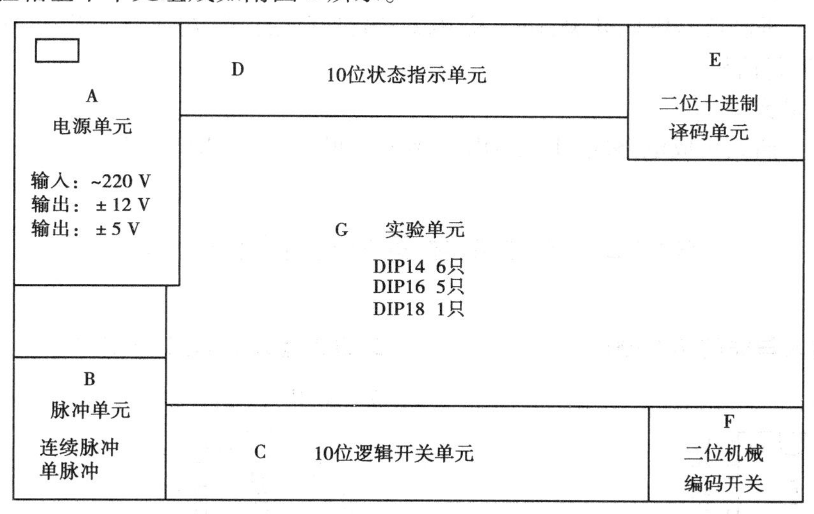

附图1　数电实验箱基本单元组成

数电实验箱各单元名称及功能说明如下：

1.A:**电源单元**

- 输入电压:交流220 V。
- 输出电压:±12 V(电流为500 mA)、±5 V(电流为500 mA),带电源指示灯。该单元提供集成电路工作电源 V_{CC},V_{DD}。

2.B:**脉冲单元**

- 连续脉冲输出:由电平输出口、黄色信号灯组成,高电平 V_H 为4.5 V,低电平 V_L 为0.1 V。
- 单脉冲输出:由电平输出口、按键开关、红色信号灯、绿色信号灯组成。

• 常态输出(不按按钮):红色信号灯提示低电平输出,绿色信号灯提示高电平输出。

• 暂态输出(按下按钮并保持):红色信号灯提示高电平输出,绿色信号灯提示低电平输出。

• 电平等级:高电平 V_H=3.6 V,低电平 V_L=0.2 V。

该单元产生的连续信号、单脉冲信号作为时序元件的时钟信号。

3.C:逻辑开关单元

10 组逻辑开关:由指示灯、电平输出口、开关组成。接入+5 V 电源后,开关拨上输出高电平“1”状态,$V_H \geqslant 3.6$ V,指示灯点亮;开关拨下输出低电平“0”状态,$V_L \leqslant 0.2$ V,指示灯熄灭。

该单元用于控制被测试电路输入端状态。

4.D:状态指示单元

10 组状态指示灯:由指示灯、电平输入口组成,驱动电平大于 1.5 V。

该单元用于监测被测试电路输出端状态,指示灯亮为“1”状态输出,指示灯熄灭为“0”状态输出。

5.E:译码单元

2 位十进制译码器:由 4 线—七段译码驱动器 74LS48 及 LED 共阴显示器组成,输入 BCD 码,每一位输入码范围是 0000—1001。

6.F:编码单元

2 位十—二进制机械编码开关:由 2 位 8421 码盘开关组成,将十进制数转换为二进制码输出,输出正编码信号。

7.G:实验单元

DIP 双列直插式集成电路座 11 只,DIP14 6 只,DIP16 4 只,DIP18 1 只。

附录 2　常用数字集成电路外引线图

1.四 2 输入与非门 74LS00

$Y=\overline{A \cdot B}$

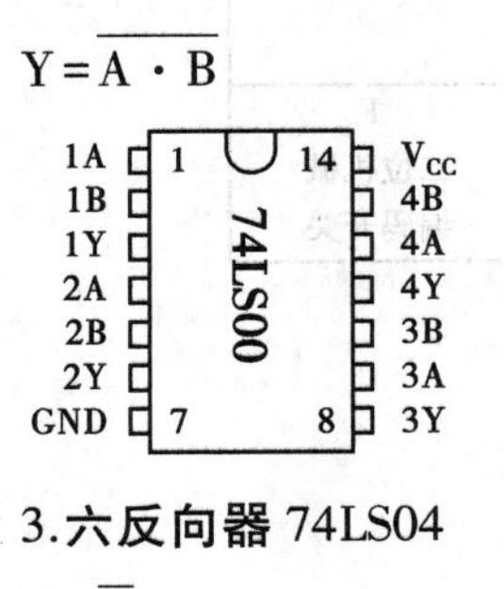

2.四 2 输入或非门 74LS02

$Y=\overline{A+B}$

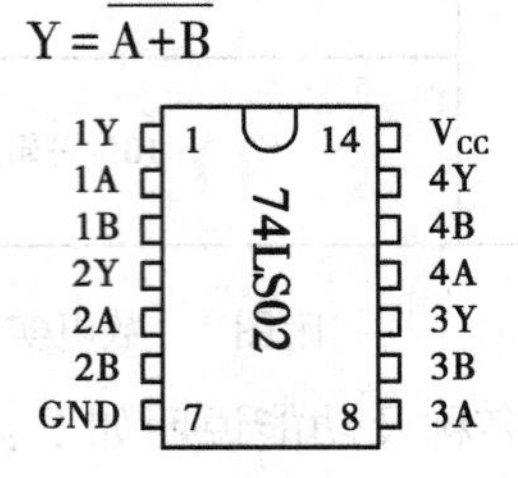

3.六反向器 74LS04

$Y=\overline{A}$

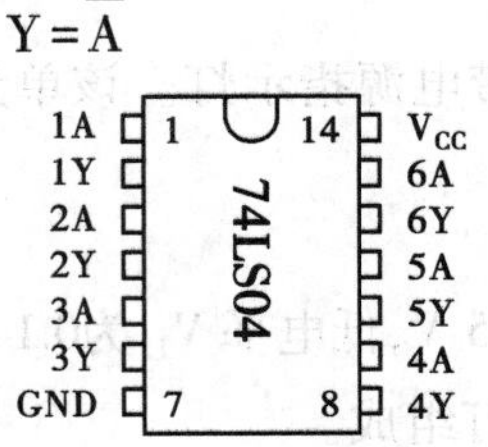

4.四 2 输入与门 74LS08

$Y=A \cdot B$

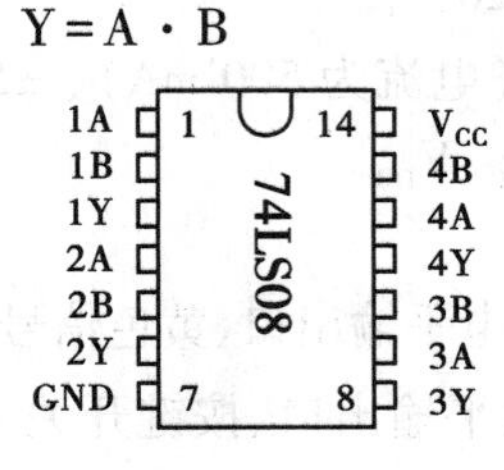

5.三 3 输入与非门 74LS10

$Y=\overline{A\cdot B\cdot C}$

1A 1 | 14 V_{CC}
1B | 1C
2A | 1Y
2B | 3C
2C | 3B
2Y | 3A
GND 7 | 8 3Y
74LS10

6.三 3 输入与门 74LS11

$Y=A\cdot B\cdot C$

1A 1 | 14 V_{CC}
1B | 1C
2A | 1Y
2B | 3C
2C | 3B
2Y | 3A
GND 7 | 8 3Y
74LS11

7.双 4 输入与非门 74LS20

$Y=\overline{A\cdot B\cdot C\cdot D}$

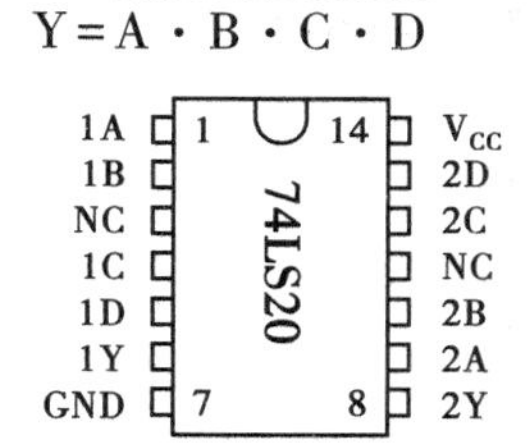

8.双 4 输入与门 74LS21

$Y=A\cdot B\cdot C\cdot D$

1A 1 | 14 V_{CC}
1B | 2D
NC | 2C
1C | NC
1D | 2B
1Y | 2A
GND 7 | 8 2Y
74LS21

9.四 2 输入与非门(OC 高压)74LS26

$Y=\overline{A\cdot B}$

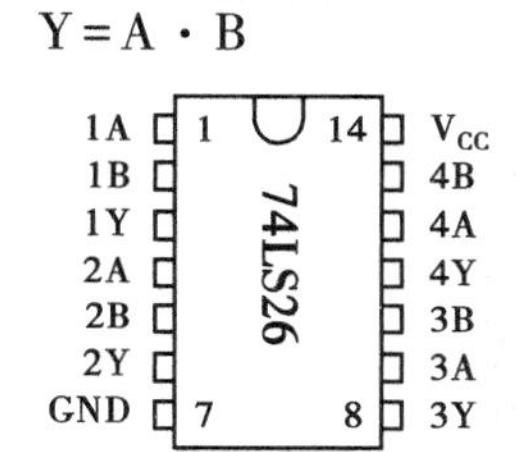

10.三 3 输入或非门 74LS27

$Y=\overline{A+B+C}$

1A 1 | 14 V_{CC}
1B | 1C
2A | 1Y
2B | 3C
2C | 3B
2Y | 3A
GND 7 | 8 3Y
74LS27

11.8 输入与非门 74LS30

$Y=\overline{A\cdot B\cdot C\cdot D\cdot E\cdot F\cdot G\cdot H}$

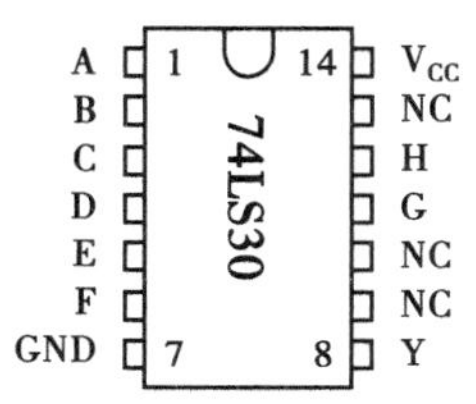

12.四 2 输入或门 74LS32

$Y=A+B$

1A 1 | 14 V_{CC}
1B | 4B
1Y | 4A
2A | 4Y
2B | 3B
2Y | 3A
GND 7 | 8 3Y
74LS32

13.2 路 3—3 输入、2 路 2—2 输入与或非门

74LS51 $Y=\overline{(A\cdot B\cdot D)+(E\cdot F\cdot G)}$

$Y=\overline{(A\cdot B)+(C\cdot D)}$

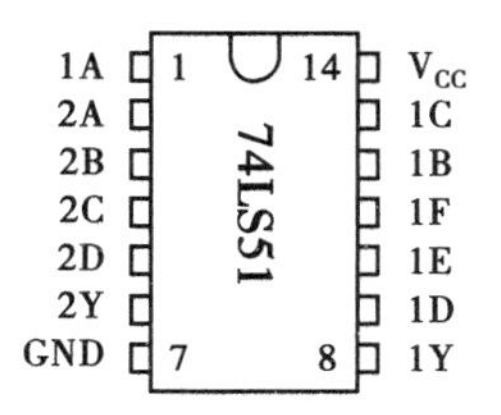

14.四 2 输入异或门 74LS86

$Y=A\oplus B$

1A 1 | 14 V_{CC}
1B | 4B
1Y | 4A
2A | 4Y
2B | 3B
2Y | 3A
GND 7 | 8 3Y
74LS86

15.四 2 输入与非门 CD4011

$Y=\overline{A \cdot B}$

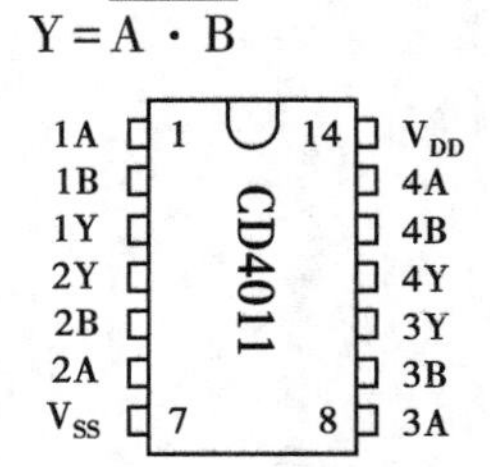

16.六反向器 CD4069

$Y=\overline{A}$

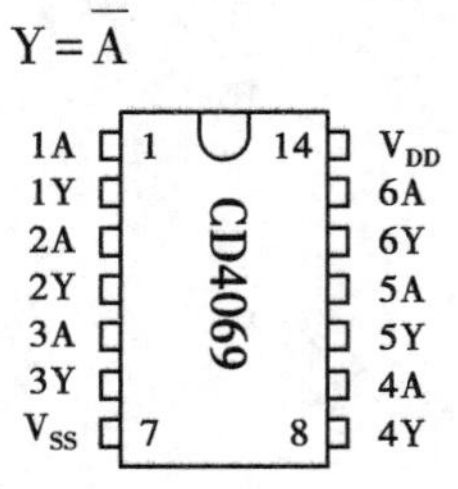

17.4 线—七段译码器/驱动器(BCD 输入,有限流电阻)74LS47

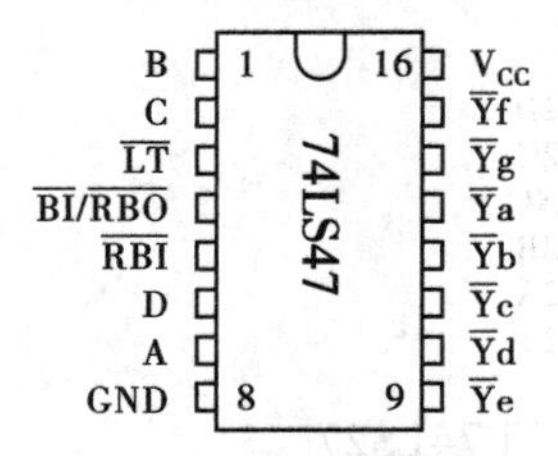

18.4 线—七估译码器/驱动器(BCD 输入,有限流电阻)74LS48

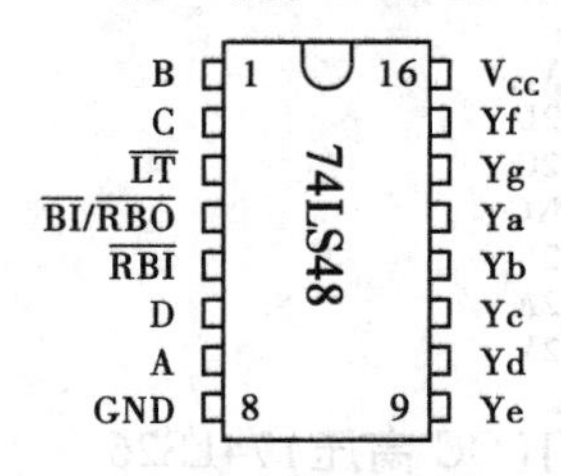

19.4 线—七段译码器/驱动器(BCD 输入,有限流电阻)CD4511

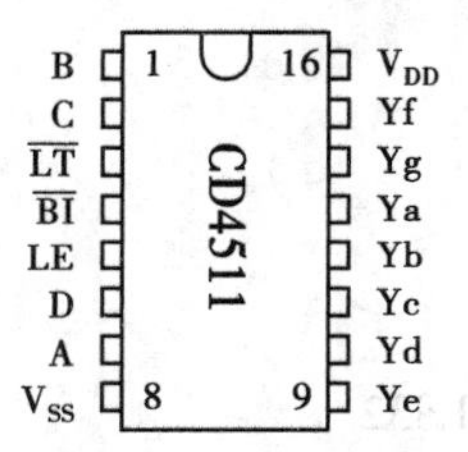

20.4 线—七段译码器/驱动器(OC) 74LS247

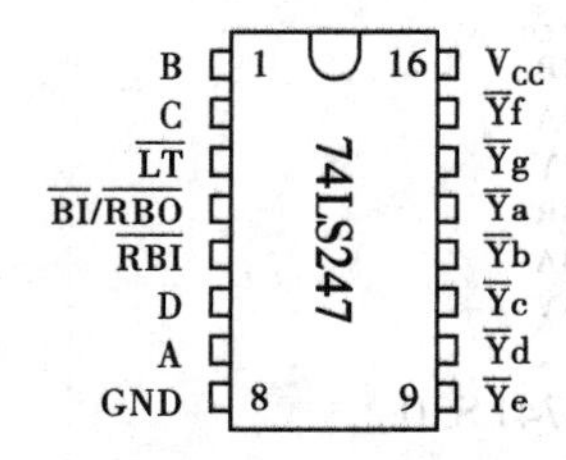

21.3 线—8 线译码器 74LS138

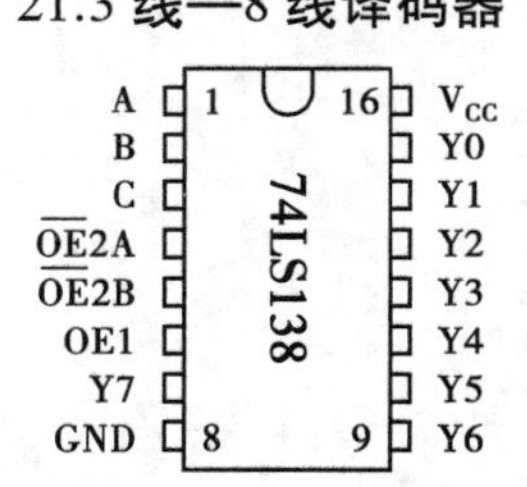

22.4 线—10 线译码器 74LS42

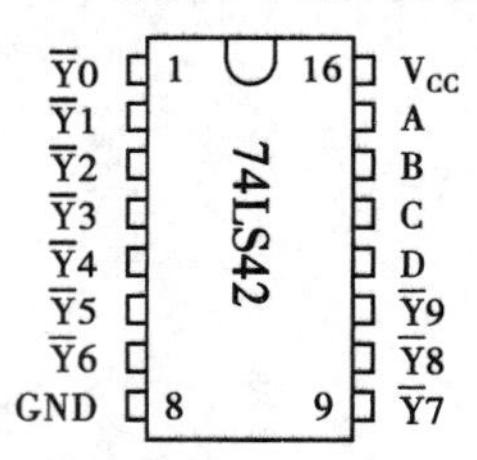

23.10 线—4 线优先编码器 74LS147

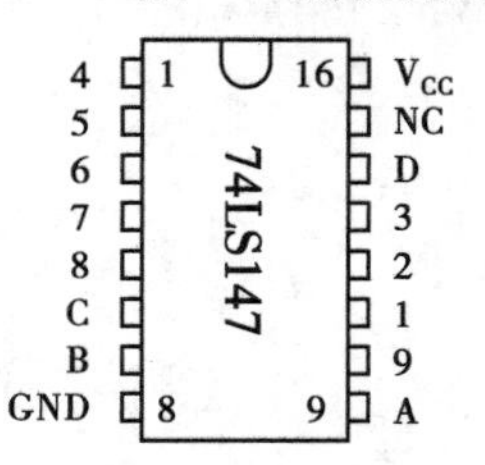

24.8 线—3 线优先编码器 74LS148

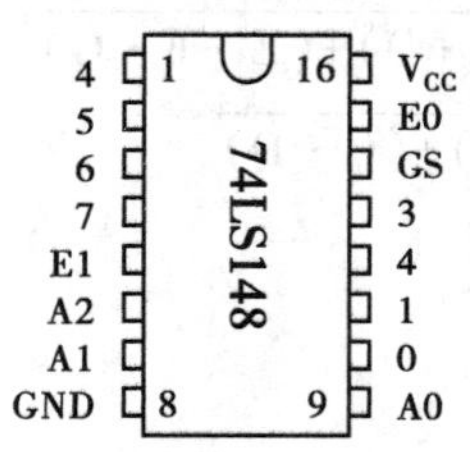

25.4 位二进制全加器 74LS283

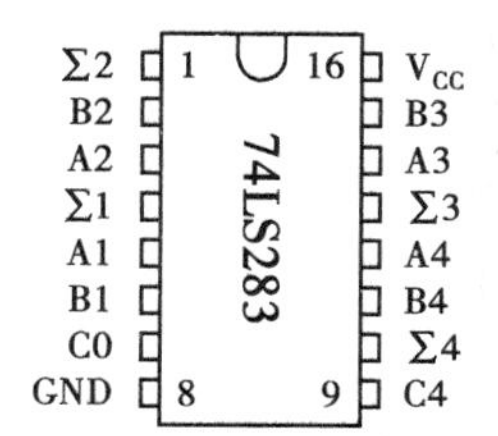

26.8 选 1 数据选择器(原码、反码输出)
74LS151

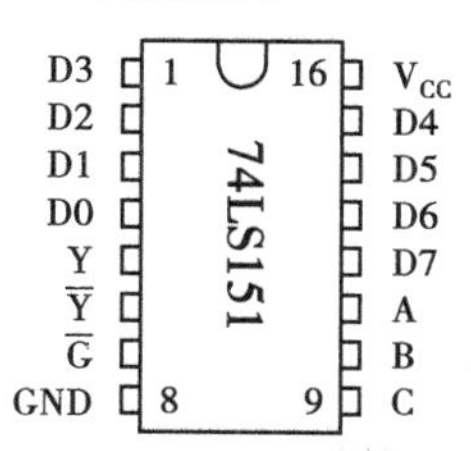

27.双 4 选 1 数据选择器 74LS153

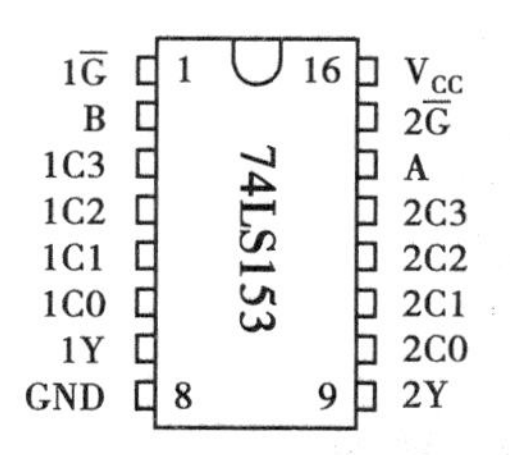

28.8 段 LED 数码显示器(共阳、共阴)

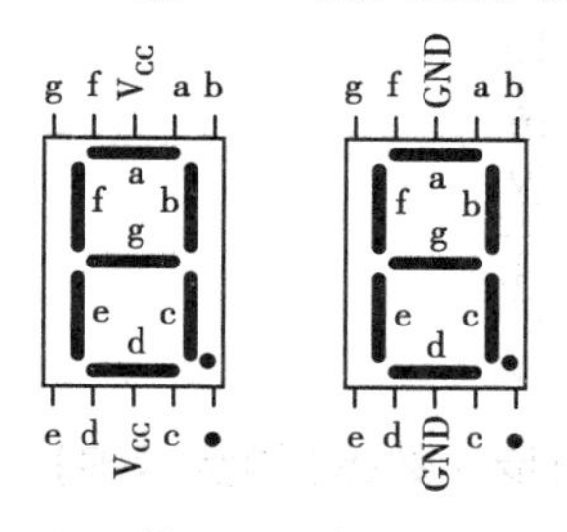

29.16 选 1 数据选择器 74LS150

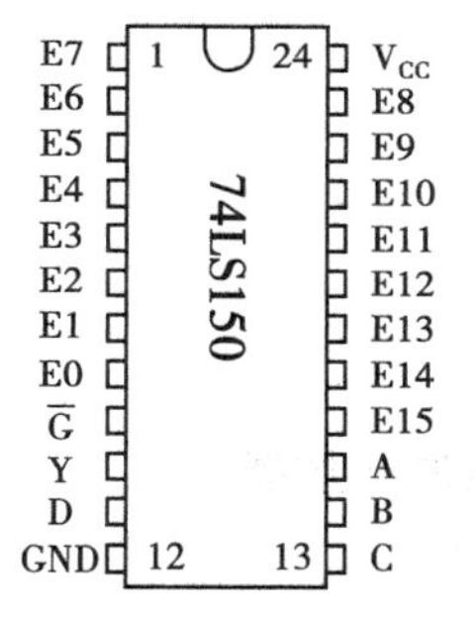

30.4 段—16 线译码器 74LS154

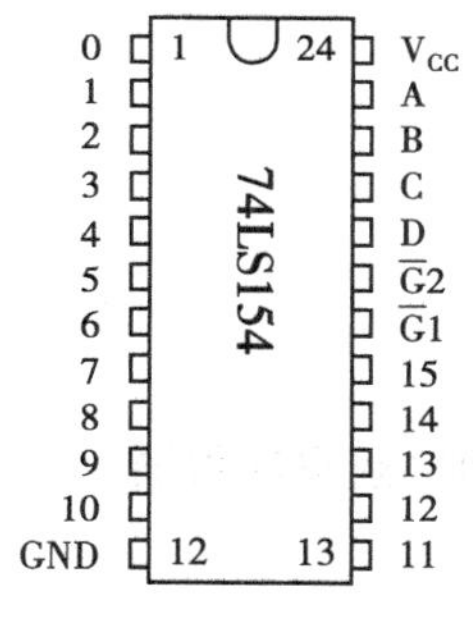

31.双上升沿 D 触发器 74LS74

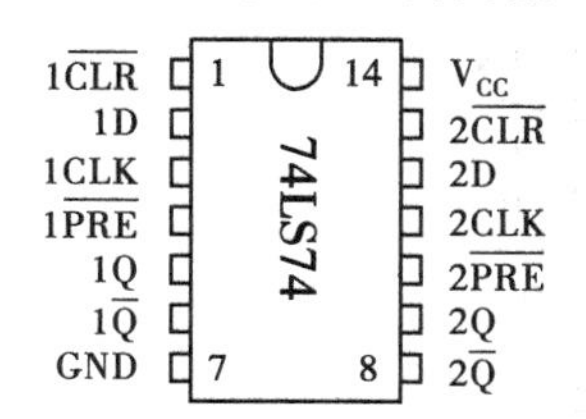

32.双下降沿 JK 触发器 74LS112

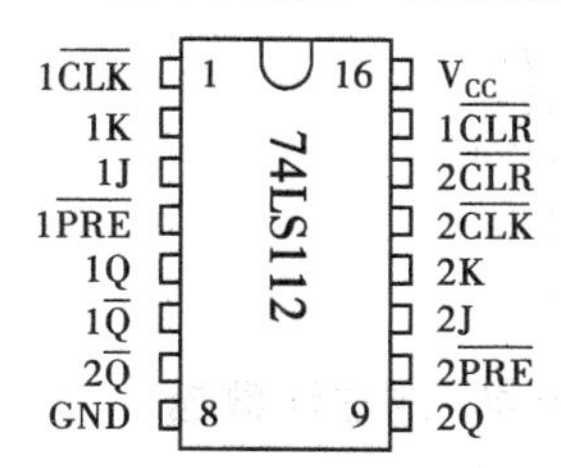

33.8 位移位寄存器 74LS164

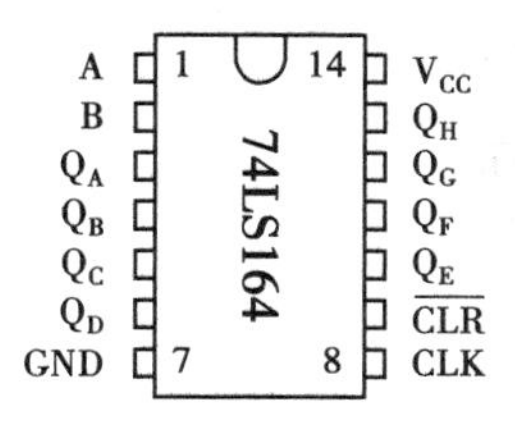

34.6D 触发器 74LS174

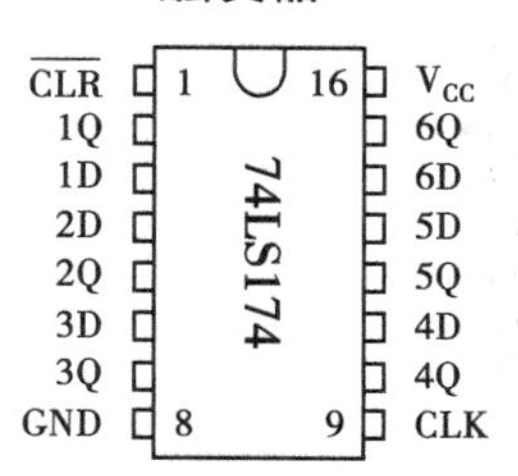

35.4 上升沿 D 触发器 74LS175

CLR 1 16 Vcc
1Q 4Q
1Q 4Q
1D 4D
2D 3D
2Q 3Q
2Q 3Q
GND 8 9 CLK
74LS175

36.4 位双向移位寄存器 74LS194

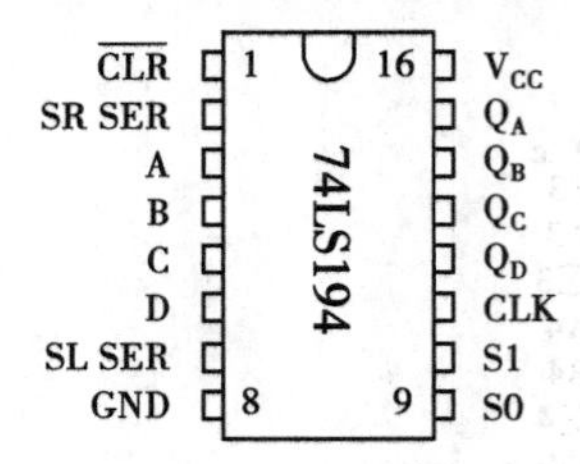

37.4R—S 锁存器 74LS279

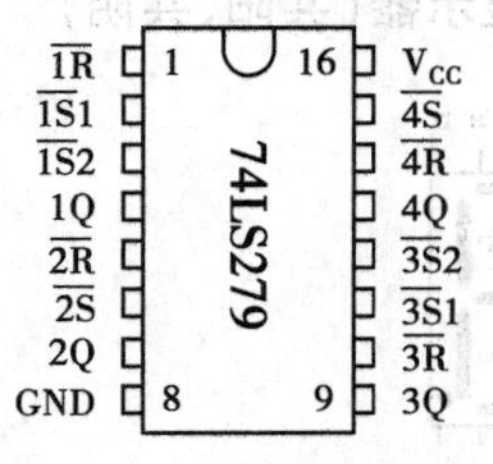

38.双上升沿 D 触发器 CD4013

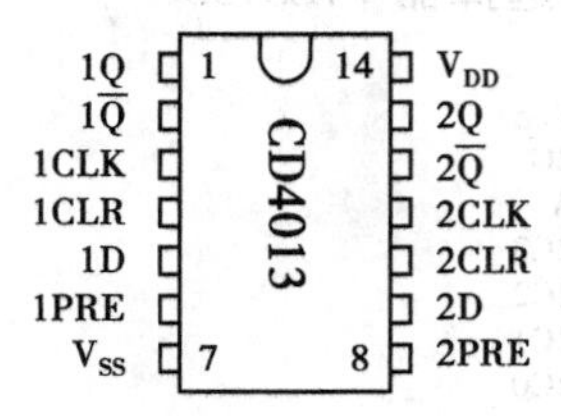

39.四位十进制同步计数器(异步清零)

74LS160

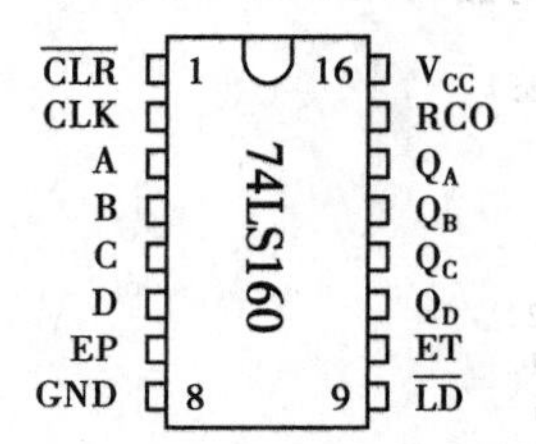

40.四位二进制同步计数器

74LS161

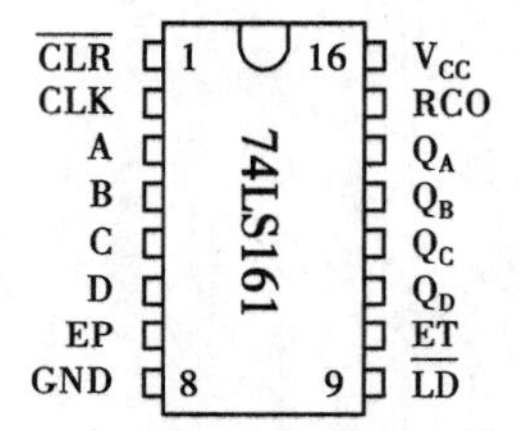

41.四位二进制同步加/减法计数器

74LS191

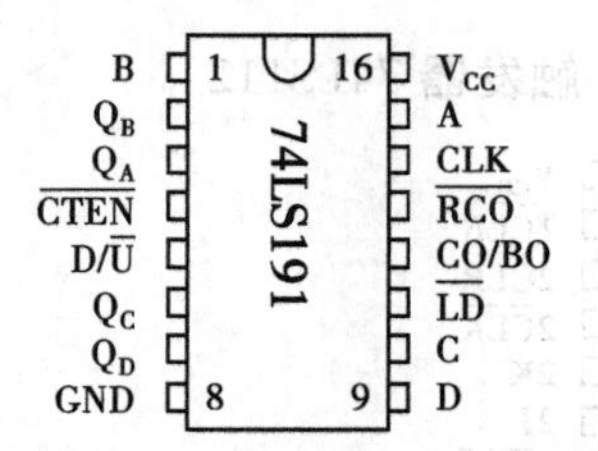

42.十进制同步加/减法计数器

74LS192　CD40192

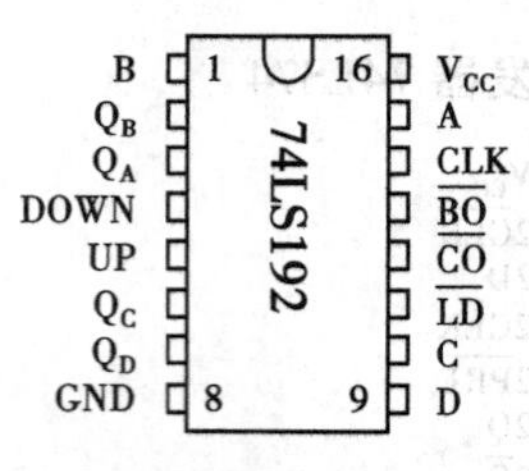

43.4 位二进制同步加/减法计数器

74LS193　CD40193

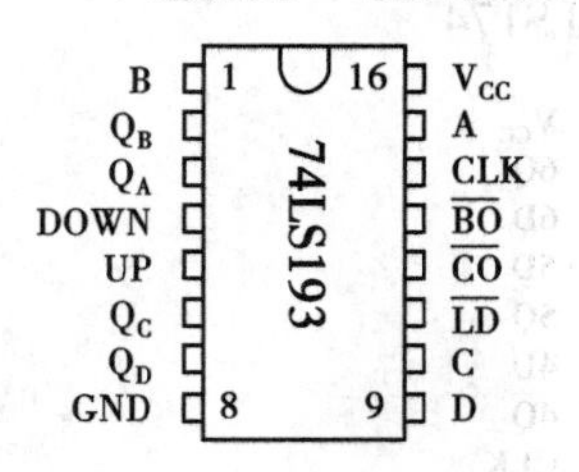

44.十进制计数器

74LS290

R9(1) 1 14 Vcc
NC R0(2)
R9(2) R0(1)
QC CKB
QB CKA
NC QA
GND 7 8 QD
74LS290

45.双二—五—十进制计数器

74LS390

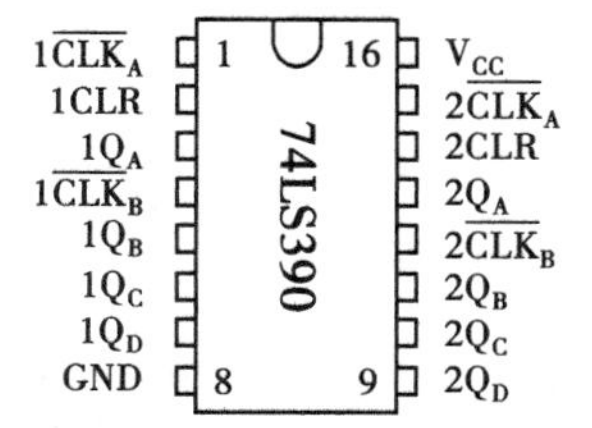

46.十进制计数/分频器

CD4017(CMOS)

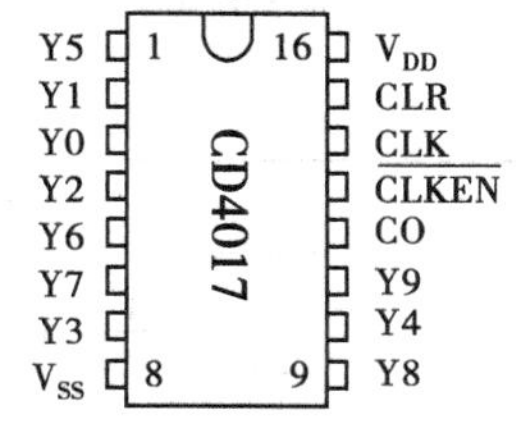

47.14 位同步二进制计数/分配振荡器

CD4060(CMOS)

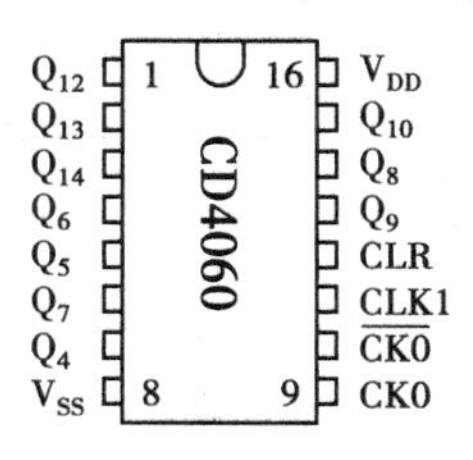

48.4 双向模拟开关(CMOS)

CD4066

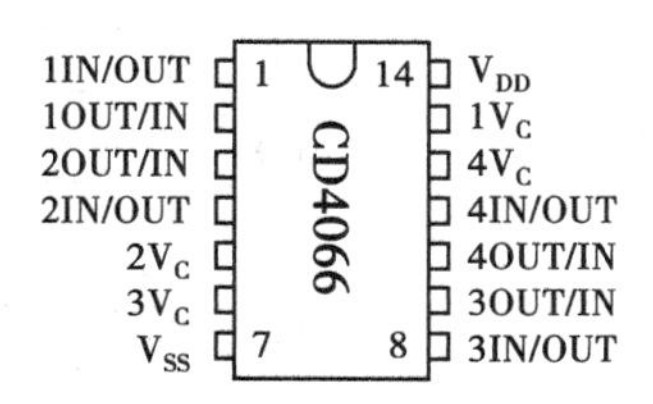

49.双 4 反相缓冲器/线驱动器/线接收器

(3S,两组控制)74LS240

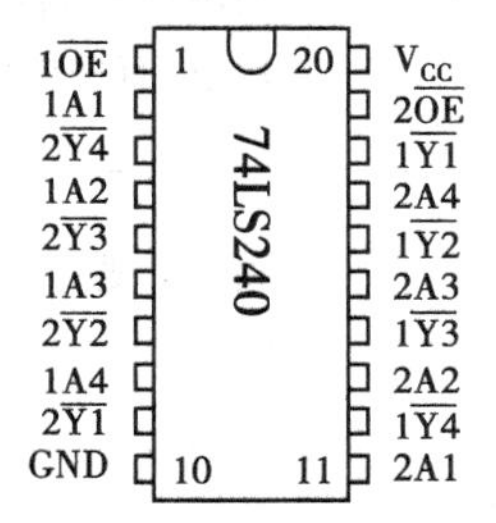

50.双 4 同相缓冲器/线驱动器/线接收器

(3S,两组控制)74LS241

1OE 1A1 2Y4 1A2 2Y3 1A3 2Y2 1A4 2Y1 GND 74LS241 VCC 2OE 1Y1 2A4 1Y2 2A3 1Y3 2A2 1Y4 2A1

51.可重触发双稳态触发器

74LS123

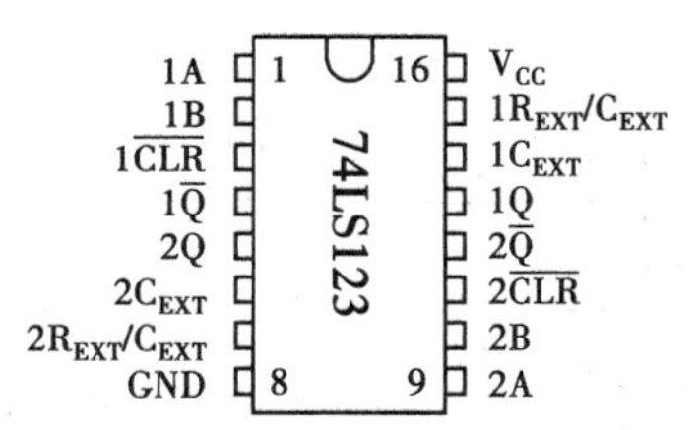

52.双 4 同相缓冲器/线驱动器/线接收器

(3S,两组控制)74LS244

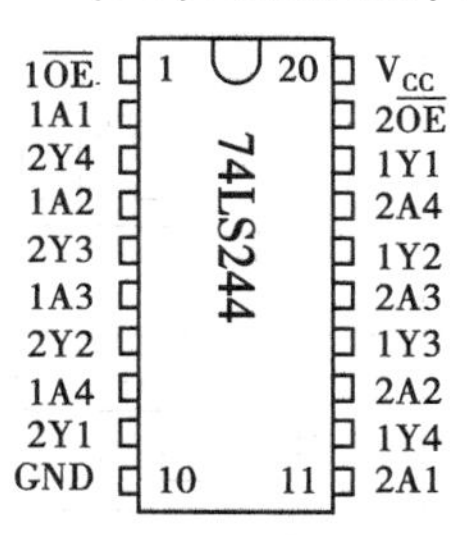

53.555 时基电路

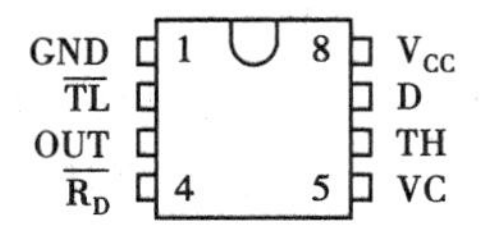

附录3　常用集成计数器进位、借位信号时序图

名称、型号	进位、借位信号时序图	操作功能
十进制计数器（74LS160、CC40160）	CLK 1 2 … 9 0 1 RCO	异步清零，同步置数，有使能端
二进制计数器（74LS161、CC40161）	CLK 1 2 … 15 0 1 RCO	异步清零，同步置数，有使能端
十进制计数器（74LS162）	CLK 1 2 … 9 0 1 RCO	同步清零，同步置数，有使能端
二进制计数器（74LS163）	CLK 1 2 … 15 0 1 RCO	同步清零，同步置数，有使能端
十进制同步加/减法计数器（74LS168），加计数 $U/\overline{D}=0$	CLK 1 2 … 9 0 1 $\overline{CO}$	同步置数，有使能端
十进制同步加/减法计数器（74LS168），减计数 $U/\overline{D}=1$	CLK 9 8 … 0 9 8 $\overline{CO}$	同步置数，有使能端
四位二进制同步加/减法计数器（74LS169），加计数 $U/\overline{D}=0$	CLK 1 2 … 15 0 1 $\overline{CO}$	同步置数，有使能端
四位二进制同步加/减法计数器（74LS169），减计数 $U/\overline{D}=1$	CLK 15 14 … 0 15 14 $\overline{CO}$	同步置数，有使能端
十进制同步加/减法计数器（74LS190），加计数 $U/\overline{D}=0$	CLK 1 2 … 9 0 1 CO/BO $\overline{RCO}$	异步清零，异步置数，有计数控制端

续表

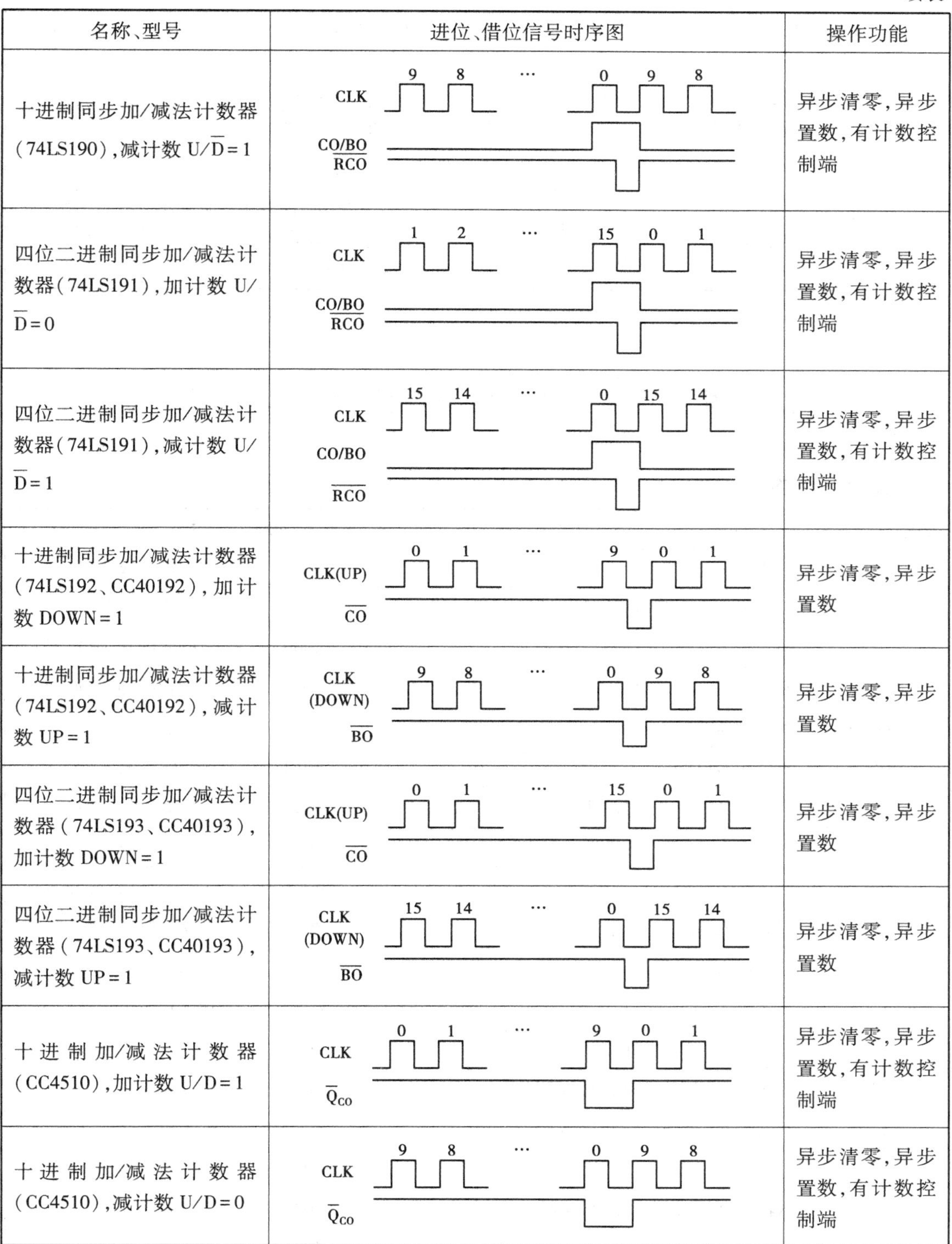

名称、型号	进位、借位信号时序图	操作功能
十进制同步加/减法计数器(74LS190),减计数 U/$\overline{D}$=1	CLK 9 8 … 0 9 8；CO/BO；$\overline{RCO}$	异步清零,异步置数,有计数控制端
四位二进制同步加/减法计数器(74LS191),加计数 U/$\overline{D}$=0	CLK 1 2 … 15 0 1；CO/BO；$\overline{RCO}$	异步清零,异步置数,有计数控制端
四位二进制同步加/减法计数器(74LS191),减计数 U/$\overline{D}$=1	CLK 15 14 … 0 15 14；CO/BO；$\overline{RCO}$	异步清零,异步置数,有计数控制端
十进制同步加/减法计数器(74LS192、CC40192),加计数 DOWN=1	CLK(UP) 0 1 … 9 0 1；$\overline{CO}$	异步清零,异步置数
十进制同步加/减法计数器(74LS192、CC40192),减计数 UP=1	CLK (DOWN) 9 8 … 0 9 8；$\overline{BO}$	异步清零,异步置数
四位二进制同步加/减法计数器(74LS193、CC40193),加计数 DOWN=1	CLK(UP) 0 1 … 15 0 1；$\overline{CO}$	异步清零,异步置数
四位二进制同步加/减法计数器(74LS193、CC40193),减计数 UP=1	CLK (DOWN) 15 14 … 0 15 14；$\overline{BO}$	异步清零,异步置数
十进制加/减法计数器(CC4510),加计数 U/D=1	CLK 0 1 … 9 0 1；$\overline{Q}_{CO}$	异步清零,异步置数,有计数控制端
十进制加/减法计数器(CC4510),减计数 U/D=0	CLK 9 8 … 0 9 8；$\overline{Q}_{CO}$	异步清零,异步置数,有计数控制端

续表

名称、型号	进位、借位信号时序图	操作功能
四位二进制加/减法计数器(CC4516),加计数 U/D=1	CLK 0 1 … 15 0 1 $\overline{Q}_{CO}$	异步清零,异步置数,有计数控制端
四位二进制加/减法计数器(CC4516),减计数 U/D=0	CLK 15 14 … 0 15 14 $\overline{Q}_{CO}$	异步清零,异步置数,有计数控制端

附录4　常用数字集成电路按类型、型号、功能检索表

1.基本门电路

型号 54/74LS	名　称	型号 CC4000	名　称
00	四 2 输入与非门	4001	四 2 输入或非门
01	四 2 输入与非门(OC)	4002	双 4 输入或非门
02	四 2 输入或非门(OC)	4009	六反相缓冲/变换器
03	四 2 输入与非门(OC)	4010	六同相缓冲/变换器
04	六反相器	4011	四 2 输入与非门
05	六反相器(OC)	4012	双四输入与非门
06	六输出高压反相缓冲/驱动器(OC,30 V)	4023	三 3 输入与非门
07	六输出高压缓冲/驱动器(OC,30 V)	4025	三 3 输入或非门
08	四 2 输入与门	4041	四同相/反相缓冲器
09	四 2 输入与门(OC)	4049	六反相缓冲/变换器
10	三 3 输入与非门	4050	六同相缓冲/变换器
11	三 3 输入与门	4069	六反相器
12	三 3 输入与非门(OC)	4070	四 2 输入异或门
13	双 4 输入与非门(有施密特触发器)	4071	四 2 输入或门
14	六反相器(有施密特触发器)	4072	双 4 输入或门
15	三 3 输入与门(OC)	4073	三 3 输入与门
16	六输出高压反相缓冲/驱动器(OC,15 V)	4075	三 3 输入或门
17	六输出高压缓冲/驱动器(OC,15 V)	4081	四 2 输入与门
19	六反相器(有施密特触发器)	4082	双 4 输入与门

续表

型号 54/74LS	名 称	型号 CC4000	名 称
20	双 4 输入与非门	4085	双 2 路 2 输入与或非门
21	双 4 输入与门	4086	四 2 可扩展输入与或非门
22	双 4 输入与非门(OC)		
24	四施密特与非门/变换器		
25	双 4 输入或非门(有选通端)		
26	四 2 输入高压输出与非缓冲器(OC,15 V)		
27	三 3 输入或非门		
28	四 2 输入或非缓冲器		
30	8 输入与非门		
32	四 2 输入或门		
33	四 2 输入或非缓冲器(OC)		
37	四 2 输入高压输出与非缓冲器		
38	四 2 输入高压输出与非缓冲器(OC)		
40	双 4 输入与门缓冲器		
50	双二路 2—2 输入与或非门		
51	2 路 3—3 输入、2 路 2—2 输入与或非门		
86	四 2 输入异或门		
132	四 2 输入与非门(有施密特触发器)		
133	13 输入与非门		
260	双 5 输入或非门		

2.集成组合电路

型号 54/74LS	名 称	型 号 CC4000、CC4500、CC14000	名 称
42	4—10 线译码器(BCD 输入)		
43	4—10 线译码器(余 3 码输入)		
48	4 线—七段译码器/驱动器(BCD 输入、有内置限流电阻)	4028	BCD 码十进制译码器
49	4 线—七段译码器/驱动器(BCD 输入、OC)	4055	BCD—七段译码/液晶驱动器

续表

型号 54/74LS	名 称	型 号 CC4000、CC4500、CC14000	名 称
138	3 线—8 线译码器	4511	BCD—锁存/七段译码/驱动器
139	双 2 线—4 线译码器	4512	8 路数据选择器
145	4—10 线译码器/驱动器(BCD 输入)	4514	4 位锁存/4 线—16 线译码器(输出“1”)
147	10—4 线优先编码器(BCD 输入、OC)	4515	4 位锁存/4 线—16 线译码器(输出“0”)
148	8—3 线优先编码器	4539	双 4 路数据选择器
150	16 选 1 数据选择器(原码、反码输出)	4555	双二进制 4 选 1 译码/分离器(输出“1”)
151	8 选 1 数据选择器(原码、反码输出)	4556	双二进制 4 选 1 译码/分离器(输出“0”)
153	双 4 选 1 数据选择器	14513	BCD—锁存/七段译码/驱动器
154	4—16 线译码器	14543	BCD—锁存/7 段译码/驱动器
155	双 2 线—4 线译码器	14544	BCD—锁存/7 段译码/驱动器
157	四 2 选 1 数据选择器	14547	BCD—7 段译码/大电流驱动器
159	4—16 线译码器		
246	4 线—七段译码器/驱动器(BCD 输入,OC、30 V)		
247	4 线—七段译码器/驱动器(BCD 输入,OC、15 V)		
248	4 线—七段译码器/驱动器(BCD 输入,有内置限流电阻)		
249	4 线—七段译码器/驱动器(BCD 输入,OC)		
251	8 选 1 数据选择器(3S,原码、反码输出)		
253	双 4 选 1 数据选择器(3S)		
257	四 2 选 1 数据选择器(3S)		
258	四 2 选 1 数据选择器(3S,反码输出)		
280	9 位奇偶产生器/校验器		
283	4 位二进制超前进位全加器		

3.集成触发器、锁存器

型号 54/74LS	名　称	型号 CC4000、 CC4500	名　称
74	双上升沿 D 触发器		
109	双上升沿 JK 触发器		
112	双下降沿 JK 触发器	4013	双 D 触发器
123	可重触发双稳态触发器	4027	双 JK 触发器
173	4D 正沿触发器(三态,Q 端输出,公共时钟)	4042	4 锁存 D 触发器
174	6D 触发器(Q 端输出,公共清除端,公共时钟端)	4043	四 3 态 R-S 锁存触发器(输出“1”)
175	4D 触发器(公共清除端,公共时钟端)	4044	四 3 态 R-S 锁存触发器(输出“0”)
273	8D 触发器(Q 端输出,公共清除端,公共时钟端)	4095	3 输入 JK 触发器
279	四 R-S 锁存器(Q 端输出)	4096	3 输入 JK 触发器
373	8D 触发器(三态 Q 端输出)	4098	双单稳态触发器
374	8D 触发器(三态 Q 端输出,公共时钟端)	40174	6 锁存 D 触发器
377	8D 触发器(公共时钟,有使能控制,Q 端输出)	4508	双 4 位锁存 D 触发器
378	6D 触发器(公共时钟,有使能控制,Q 端输出)		
379	4D 触发器(公共时钟,有使能控制)		

4.集成计数器

型号 54/74LS	名　称	型　号 CC4000、 CC4500、 CC14000	名　称
160	十进制同步计数器(异步清零,同步置数)		
161	4 位二进制同步计数器(异步清零,同步置数)		
162	十进制同步计数器(同步清零,同步置数)	4017	十进制计数/分配器
163	4 位二进制同步计数器(同步清零,同步置数)	4022	八进制计数/分配器
168	十进制同步加/减法计数器(同步置数)	4026	十进制计数/七段译码器
169	4 位二进制同步加/减法计数器(同步置数)	4033	十进制计数/七段译码器
190	十进制同步加/减法计数器(异步置数)	4040	12 位计数器/分频器

续表

型号 54/74LS	名　称	型　号 CC4000、CC4500、CC14000	名　称
191	4 位二进制同步加/减法计数器(异步置数)	4060	14 位计数器/分频器
192	十进制同步加/减法计数器(双时钟,异步清零,异步置数)	40110	十进制加/减计数/锁存/7 段译码/驱动器
193	4 位二进制同步加/减法计数器(双时钟,异步清零,异步置数)	40160	可预置十进制同步计数器
290	二—五—十进制计数器(异步复位,异步置 9)	40161	可预置 4 位二进制同步计数器
293	二—八—十六进制计数器(异步复位)	40192	可预置十进制同步加/减法计数器(双时钟,异步清零,异步置数)
390	双二—五—十进制计数器	40193	可预置 4 位二进制同步加/减法计数器(双时钟,异步清零,异步置数)
		4510	BCD 加/减法计数器(单时钟)
		4516	可预置 4 位二进制同步加/减法计数器(单时钟)
		4518	双 BCD 同步加计数器
		4520	双 4 位二进制同步加计数器
		14522	可预置 BCD 同步 1/N 计数器

5.其他功能类

型号 54/74LS	名　称	型　号 CC4000	名　称
85	4 位数值比较器	4014	8 位串入/并入—串出移位寄存器
91	8 位移位寄存器	4046	锁相环

续表

型号 54/74LS	名称	型 号 CC4000	名 称
164	8 位移位寄存器(串行输入/并行输出)	4051	单 8 路模拟开关
198	8 位双向移位寄存器(并行存取)	4052	双 4 路模拟开关
224	三缓冲器	4053	三组二路模拟开关
240	八缓冲器/线驱动器/线接收器(3S,两组控制)	4066	四双向模拟开关
241	八缓冲器/线驱动器/线接收器(3S,两组控制)	4067	单 16 路模拟开关
		4089	二进制比例乘法器
		40194	4 位并入/串入—并出/串出移位寄存器(左移/右移)
		40195	4 位并入/串入—并出/串出移位寄存器

附录 5 TTL 数字集成电路分类、推荐工作条件

1.TTL 集成电路分类

	国际标准	国家标准	类 型	
TTL 系列	54/74	CT54/74 (CT1000)	标准型	
	54/74L	CT54/74L (CT2000)	低功耗	
	54/74S	CT54/74S (CT3000)	肖特基	
	54/74LS	CT54/74LS (CT4000)	低功耗肖特基	
	54/74AS		先进肖特基	
	54/74ALS		先进低功耗肖特基	
	54/74F		快速	
	54/74HC		高速 CMOS	

2.推荐工作条件

参数		54,54S,54LS 74,74S,74LS			54ALS, 74ALS			54F,74F			单位
		最小值	典型值	最大值	最小值	典型值	最大值	最小值	典型值	最大值	
V_{CC}		4.5	5	5.5	4.5	5	5.5	4.5	5	5.5	V
V_{IH}		2			2			2			V
V_{IL}				0.8			0.8			0.8	V
I_{OH}				-0.4			-1			0.4	mA
I_{OL}	54			4			20			16	mA
	74			8			22			24	
T_A	54	-55		125	-55		125	-55		125	℃
	74	0		70	0		70	0		70	

参考文献

[1] 杨素行.模拟电子技术基础简明教程[M].3 版.北京:高等教育出版社,2006.
[2] 李宁.模拟电子技术实验[M].北京:清华大学出版社,2011.
[3] 王卫平.电子工艺基础[M].北京:电子工业出版社,2000.
[4] 科林,孙人杰.TTL、高速 CMOS 手册[M].北京:电子工业出版社,2004.
[5] 谢自美.电子线路设计·实验·测试[M].武汉:华中科技大学出版社,2006.
[6] 沈任元,吴勇.常用电子元器件简明手册[M].北京:机械工业出版社,2007.
[7] 崔瑞雪.电子技术动手实践[M].北京:北京航空航天大学出版社,2007.
[8] 周晓霞.数字电子技术实验教程[M].北京:化学工业出版社,2008.
[9] 杨志忠.电子技术课程设计[M].北京:机械工业出版社,2008.
[10] 唐红.数字电子技术实训教程[M].北京:化学工业出版社,2010.